高等学校自动化类专业系列教材

过程自动化控制装置与系统

王建林　主编

赵利强　脱建勇　副主编

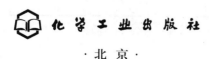

化学工业出版社

·北京·

内容简介

　　本书围绕自动化装置的原理、结构、设计与组态、调试等介绍过程控制系统的自动化装置，如模拟调节器、数字调节器、执行器、可编程逻辑控制器、集散控制系统、现场总线控制系统等，每章的最后都有思考题和习题，方便学生练习和复习。

　　本书可以作为普通高等学校测控技术与仪器、自动化等相关专业的教学用书，也可以供从事过程自动化控制系统设计与维护的工程技术人员参考。

图书在版编目（CIP）数据

　　过程自动化控制装置与系统/王建林主编；赵利强，脱建勇副主编. —北京：化学工业出版社，2022.8
　　高等学校自动化类专业系列教材
　　ISBN 978-7-122-41318-5

　　Ⅰ.①过… Ⅱ.①王… ②赵… ③脱… Ⅲ.①过程控制-控制设备-高等学校-教材②过程控制-自动控制系统-高等学校-教材 Ⅳ.①TP23②TP273

　　中国版本图书馆 CIP 数据核字（2022）第 071970 号

责任编辑：郝英华	文字编辑：郑云海　温潇潇	
责任校对：杜杏然	装帧设计：史利平	

出版发行：化学工业出版社（北京市东城区青年湖南街 13 号　邮政编码 100011）
印　　装：大厂聚鑫印刷有限责任公司
787mm×1092mm　1/16　印张 11½　字数 281 千字　2022 年 12 月北京第 1 版第 1 次印刷

购书咨询：010-64518888　　　　　　　　　售后服务：010-64518899
网　　址：http://www.cip.com.cn
凡购买本书，如有缺损质量问题，本社销售中心负责调换。

定　　价：48.00 元　　　　　　　　　　　　　　　　版权所有　违者必究

Preface

前　言

　　《过程自动化控制装置与系统》围绕自动化装置的原理、结构、组态等介绍其应用技术，构建过程自动化装置。本书编者立足于创建以能力培养为主、理论联系实际的编写理念，结合过程自动化技术的最新发展组织内容，强化理论，突出实际工程应用，力争实现基础性、前沿性和时代性的融合统一。本书主要介绍自动化装置的构成原理、结构特点、线路分析、调试维护等，使读者能够利用PLC 或 DCS 及其相关组态软件构建合适的自动化装置系统，实现具体控制功能，完成相应的自动化控制任务，具备应用流程工业主流自动化装置的能力。

　　全书一共分六章。第一章绪论，主要介绍过程自动化装置的分类和发展，过程控制装置的信号制和传输方式，以及过程调节器的相关参数与概念等内容；第二章模拟式与数字式仪表，主要介绍以模拟控制器、安全保持器为代表的模拟式仪表和以数字控制器、SLPC 调节器为代表的数字式仪表的相关内容；第三章执行器，在介绍执行器的构成、分类和作用方式的基础上，给出了电动调节阀的特点和构成原理，对过程控制系统中最常用的气动调节阀进行了详细阐述；第四章可编程逻辑控制器，在简单介绍 PLC 的特点、分类、基本组成与工作原理后，以西门子 SIMATIC S7-300 为例，从系统组成、硬件配置、指令系统、程序结构和 S7 PLC 的网络通信五个方面展开，重点介绍了西门子的 PLC 的配置和软件组态等方面的内容，最后以基于 PLC 的温度过程控制系统设计作为案例，给出基于 PLC 的具体应用实例；第五章集散控制系统，以浙江中控 ECS-700 大型 DCS为例，从系统架构、系统组态、实时监控展开阐述了 DCS 的配置及软件组态等内容，最后以基于 ECS-700 的单容水箱液位 PID 监控实验为案例展示了 DCS 组态软件的具体操作方法；第六章现场总线控制系统，主要介绍了现场总线技术、工业以太网技术和 EAP 工业以太网系统等内容，让读者对于现场总线技术及系统有所了解。

　　本书由王建林担任主编负责统稿，赵利强、脱建勇任副主编，北京化工大学杨博、辛维也参加部分章节的编写工作。

　　鉴于编者的水平有限，书中不妥之处在所难免，恳切希望读者能够对本书提出宝贵的意见。

编　者
2022 年 6 月

Contents

目 录

第一章　绪论

第一节　自动化装置的分类与发展 ……………………………………………… 001
　一、自动化装置的分类 ………………………………………………………… 002
　二、自动化装置的发展历程 …………………………………………………… 005
第二节　过程控制装置的信号制和传输方式 …………………………………… 008
　一、信号制 ……………………………………………………………………… 008
　二、信号的传输方式 …………………………………………………………… 008
第三节　调节器的相关参数与概念 ……………………………………………… 010
　一、调节器的输入信号和输出信号 …………………………………………… 010
　二、比例调节器 ………………………………………………………………… 011
　三、积分调节器 ………………………………………………………………… 012
　四、比例积分调节器 …………………………………………………………… 013
　五、微分调节器 ………………………………………………………………… 015
　六、比例微分调节器 …………………………………………………………… 015
　七、比例积分微分调节器 ……………………………………………………… 017
思考题与习题 ……………………………………………………………………… 017

第二章　模拟式和数字式仪表

第一节　模拟式仪表 ……………………………………………………………… 019
　一、模拟控制器 ………………………………………………………………… 019
　二、安全保持器 ………………………………………………………………… 022
第二节　数字式仪表 ……………………………………………………………… 028
　一、数字式控制器 ……………………………………………………………… 028
　二、SLPC 调节器 ……………………………………………………………… 030
思考题与习题 ……………………………………………………………………… 039

第三章　执行器

第一节　执行器概述 ·· 040
一、执行器的构成 ·· 040
二、执行器的分类 ·· 041
三、气动、电动、液动执行器的对比 ································ 041
四、执行器的作用方式 ·· 042
第二节　电动调节阀 ·· 042
一、电动调节阀的特点 ·· 042
二、电动调节阀的构成原理 ·· 042
第三节　气动调节阀 ·· 043
一、概述 ·· 043
二、阀体部件的特性分析 ·· 050
三、执行机构的特性分析 ·· 058
四、气动调节阀的选择 ·· 060
五、阀门定位器 ·· 061
思考题与习题 ·· 063

第四章　可编程逻辑控制器

第一节　PLC 概述 ·· 064
一、PLC 的特点与分类 ·· 064
二、PLC 的基本组成与工作原理 ···································· 066
第二节　SIMATIC S7-300 PLC 及指令系统 ··························· 068
一、系统组成 ·· 068
二、系统配置 ·· 075
三、STL 简介 ·· 081
四、程序结构 ·· 090
五、S7 PLC 的网络通信 ··· 095
第三节　案例展示：基于 PLC 的温度过程控制系统设计 ··············· 099
一、实验案例目的 ·· 099
二、实验仪器设备 ·· 099
三、实验内容及步骤 ·· 099
四、基于 PLCSIM 的仿真测试方法 ··································· 109
五、实验操作注意事项 ·· 109
思考题与习题 ·· 109

第五章 集散控制系统

第一节 集散控制系统架构 …………………………………………………… 111
　一、集散控制系统概述 …………………………………………………… 111
　二、控制节点 …………………………………………………………… 114
　三、操作节点 …………………………………………………………… 120
　四、通信网络 …………………………………………………………… 121
第二节 集散控制系统组态 …………………………………………………… 123
　一、集散控制系统组态概述 ……………………………………………… 123
　二、组态流程 …………………………………………………………… 123
　三、结构组态 …………………………………………………………… 125
　四、控制组态 …………………………………………………………… 125
　五、监控组态 …………………………………………………………… 127
　六、组态发布 …………………………………………………………… 127
第三节 实时监控 ……………………………………………………………… 128
第四节 案例展示：基于 ECS-700 的单容水箱液位 PID 监控实验 ………… 130
　一、实验目的 …………………………………………………………… 130
　二、实验内容 …………………………………………………………… 130
　三、实验原理 …………………………………………………………… 131
　四、实验环境 …………………………………………………………… 135
　五、实验步骤 …………………………………………………………… 135
　六、实验小结 …………………………………………………………… 145
思考题与习题 ………………………………………………………………… 145

第六章 现场总线控制系统

第一节 现场总线技术 ………………………………………………………… 146
　一、现场总线简介 ………………………………………………………… 146
　二、现场总线系统的特点 ………………………………………………… 148
　三、以现场总线为基础的企业网络系统 ………………………………… 150
　四、现场总线技术的标准化 ……………………………………………… 151
第二节 工业以太网技术 ……………………………………………………… 154
　一、工业以太网简介 ……………………………………………………… 154
　二、以太网的物理连接与帧结构 ………………………………………… 156
　三、TCP/IP 协议组 ……………………………………………………… 157
　四、典型的工业以太网 …………………………………………………… 159
第三节 EPA 工业以太网系统 ………………………………………………… 161

一、EPA 系统介绍 ·· 161

二、EPA 系统技术 ·· 166

思考题与习题 ·· 171

部分思考题与习题参考答案

参考文献

第一章　绪　论

本章重点介绍了自动化装置的分类与发展、过程控制装置的信号制和传输方式，以及调节器的相关参数与概念。

第一节　自动化装置的分类与发展

自动控制系统是在人工控制的基础上产生和发展起来的，在开始介绍自动控制前，先分析人工操作，并与自动控制加以比较，对分析和了解自动控制系统是有裨益的。

如图 1-1 所示，当液位上升时，将出口阀门开大，液位上升越多，阀门开得越大；反之，当液位下降时，则关小出口阀门，液位下降越多，阀门关得越小。为了使液位上升和下降都有足够的余地，选择玻璃管液位计指示值中间的某一点为正常工作时的液位高度，通过改变出口阀门开度而使液位保持在这一高度上，这样就不会出现贮槽中液位过高而溢至槽外，或使贮槽内液体抽空而发生事故的现象。归纳起来，操作人员进行的工作有三方面：

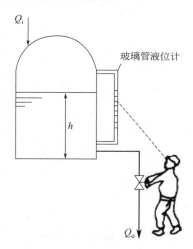

图 1-1　液位人工控制

① 检测：用眼睛观察玻璃管液位计（测量元件）中液位的高低，并通过神经系统告诉大脑。

② 运算（思考）、命令：大脑根据眼睛看到的液位高度加以思考，并与要求的液位值进行比较，得出偏差的大小和正负，然后根据操作经验，经思考、决策后发出命令。

③ 执行：根据大脑发出的命令，通过手去改变阀门开度，以改变出口流量 Q_o，从而使液位保持在所需高度上。

眼、脑、手三个器官，分别担负了检测、运算和执行三个任务，来完成测量、求偏差、操纵阀门以纠正偏差的全过程。由于人工控制受到人的生理上的限制，因此在控制速度和精度上都满足不了大型现代化生产的需要。为了提高控制精度和减轻劳动强度，可用一套自动化装置来代替上述人工操作，这样就由人工控制变为自动控制了，液体贮槽和自动化装置构成了一个自动控制系统。

为了完成人的眼、脑、手三个器官的任务，自动化装置一般至少也应包括三个部分，分别用来模拟人的眼、脑和手的功能。如图 1-2 所示，自动化装置的三个部分分别是：

① 测量元件与变送器：它的功能是测量液位并将液位的高低转化为一种特定的、统一

的输出信号（如气压信号或电压、电流信号等）。

② 控制器：它接收变送器送来的信号，与工艺需要保持的液位高度相比较得出偏差结果，用特定信号（气压或电流）发送出去。

③ 执行器：通常指控制阀，它与普通阀门的功能一样，只不过它能自动地根据控制器送来的信号值来改变阀门的开启度。

显然，这套自动化装置具有人工控制中操作人员的眼、脑、手的部分功能，因此，它能完成自动控制贮槽中液位高低的任务。

在自动控制系统的组成中，除了必须具有前述的自动化装置外，还必须具有控制装置控制的生产设备。在自动控制系统中，将需要控制其工艺参数的生产设备或机器叫作被控对象，简称对象。图 1-2 所示的液体贮槽就是这个液位控制系统的被控对象。化工生产中的各种塔器、反应器、换热器、泵和压缩机以及各种容器、贮槽都是常见的被控对象，甚至一段输气管道也可以是一个被控对象。在复杂的生产设备中，如精馏塔、吸收塔等，在一个设备上可能有好几个控制系统。这时被控对象就不一定是生产设备的整个装置。譬如说，一个精馏塔，往往塔顶需要控制温度、压力等，塔底又需要控制温度、塔釜液位等，有时中部还需要控制进料流量，在这种情况下，就只有塔的某一与控制有关的部分才是该控制系统的被控对象。例如，在讨论进料流量的控制系统时，被控对象指的仅是进料管道及阀门等，而不是整个精馏塔本身。

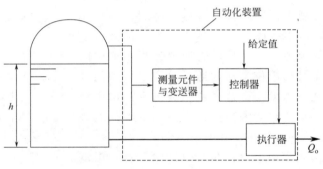

图 1-2　液位自动控制系统

一、自动化装置的分类

通常，控制仪表与装置可按能源形式、信号类型和结构形式来分类。

（一）按能源形式分类

可分为电动、气动、液动和机械式等几类。工业上普遍使用电动控制仪表和气动控制仪表，两者之间的比较如表 1-1 所示。

表 1-1　电动控制仪表和气动控制仪表的比较

	电动控制仪表	气动控制仪表
能源	电源(220V AC)(24V DC)	气源
传输信号	电信号(电流、电压或数字)	气压信号
构成	电子元器件(电阻、电容、电子放大器、集成电路、微处理器等)	气动元件(气阻、气容、气动放大器等)
接线	导线、印刷电路板	导管、管路板

电动控制仪表具有能源获取方便、信号传输和处理容易、便于实现集中显示和操作等特点。因此，尽管它的出现仅有几十年历史，但是发展异常迅速，短短的几十年间已几次升级换代，新产品也层出不穷，特别是计算机技术、微电子技术和网络通信技术的发展与广泛应用，更使电动控制仪表产生了飞跃式的发展。

（二）按信号类型分类

可分为模拟式和数字式两大类。

模拟式控制仪表由模拟元器件构成，其传输信号通常为连续变化的模拟量，如电流信号、电压信号、气压信号等。这类仪表大多构造较简单，操作方便，使用灵活，价格较低，长期以来广泛应用于工业生产。

数字式控制仪表以处理器、单片机等大规模集成电路芯片为核心，其传输信号通常为断续变化的数字量，如脉冲信号。这类仪表由于可以进行各种数字运算和逻辑判断，其功能完善，性能优越，能解决模拟式控制仪表难以解决的问题，因此越来越广泛地应用于生产过程的自动控制。

（三）按结构形式分类

可分为基地式仪表、单元组合式控制仪表、组装式综合控制装置、集散型计算机控制系统以及现场总线控制系统。

1. 基地式仪表

基地式仪表的结构是把测量、指示、记录、调节等放在一个表壳中，结构简单，价格低廉，比较适用于单参数的就地控制。

2. 单元组合式控制仪表

单元组合式控制仪表是根据控制系统各组成环节的不同功能和使用要求，将仪表做成能实现一定功能的独立仪表（称为单元），各个仪表之间用统一的标准信号进行联系。将各种单元进行不同的组合，可以构成多种多样、适用于各种不同场合的自动检测或控制系统。这类仪表有电动单元组合仪表（DDZ）和气动单元组合仪表（QDZ）两大类。它们都经历了Ⅰ型、Ⅱ型和Ⅲ型的三个发展阶段，经过不断改进，性能日臻完善。电动单元组合仪表中还有模拟技术和数字技术相结合的 DDZ-S 型系列仪表。

单元组合式控制仪表可分为变送单元、转换单元、控制单元、运算单元、显示单元、给定单元、执行单元和辅助单元等八类。各单元的作用和品种如下。

（1）变送单元

它能将各种被测参数，如温度、压力、流量、液位等物理量变换成相应的标准统一信号（4～20mA、0～10mA 或 20～100kPa）传送到接收仪表或装置，以供指示、记录或控制。变送单元的品种有温度变送器、压力变送器、差压变送器、流量变送器、液位变送器等。

（2）转换单元

转换单元将电压、频率等电信号转换为标准统一信号，或者进行标准统一信号之间的转换，以使不同信号可以在同一控制系统中使用。转换单元的品种有直流毫伏转换器、频率转换器、电气转换器、气电转换器等。

（3）控制单元

它将来自变送单元的测量信号与给定信号进行比较，按照偏差给出控制信号，去控制执行器的动作。控制单元的品种有比例积分微分控制器、比例积分控制器、微分控制器以及具有特种功能的控制器等。

（4）运算单元

它将几个标准统一信号进行加、减、乘、除、开方、平方等运算，适用于多种参数综合控制、比值控制、流量信号的温度压力补偿计算等。运算单元的品种有加减器、乘除器和开方器等。

（5）显示单元

它对各种被测参数进行指示、记录、报警和积算，供操作人员监视控制系统和生产过程工况之用。显示单元的品种有指示仪、指示记录仪、报警器、比例积算器和开方积算器等。

（6）给定单元

它输出标准统一信号，作为被控变量的给定值送到控制单元，实现定值控制。给定单元的输出也可以供给其他仪表作为参考基准值。给定单元的品种有恒流给定器、定值器、比值给定器和时间程序给定器等。

（7）执行单元

它按照控制器输出的控制信号或手动操作信号，去改变控制变量的大小。执行单元的品种有角行程电动执行器、直行程电动执行器和气动薄膜调节阀等。

（8）辅助单元

辅助单元是为了满足自动控制系统某些要求而增设的仪表，如操作器、阻尼器、限幅器、安全栅等。操作器用于手动操作，同时又起手动/自动的双向切换作用；阻尼器用于压力或流量等信号的平滑、阻尼；限幅器用以限制信号的上、下限值；安全栅用来将危险场所与非危险场所隔开，起安全防护作用。

值得强调的是，单元组合式控制仪表是根据控制系统各组成环节的不同功能和使用要求进行划分的，同时学习这类仪表不仅有利于了解仪表的必备功能，也有利于学习和掌握仪表的基本概念，而且还有利于掌握如何选择仪表构成所需要的控制系统或测量系统。

3. 组装式综合控制装置

组装式综合控制装置的结构分为两个部分：运算调节机柜和显示操作机柜。运算调节机柜主要由各种单元组合式仪表组成。组装式综合控制装置以成套装置的形式提供给用户。在计算控制系统大规模应用之前，组装式综合控制装置在化工、电站等行业的自动化控制系统中使用较多。

4. 集散型计算机控制系统（DCS 系统）

DCS 系统是一种以微型计算机为核心的计算机控制装置。其基本特点是分散控制、集中管理。DCS 系统通常由控制站（下位机）、操作站（上位机）和过程通信网络三部分组成。控制站具有数据采集、处理及控制等功能，它可以由 DCS 系统的基本控制器（包括控制卡、信号输入/输出卡、电源等）构成，也可以由可编程逻辑控制器 PLC（包括 CPU、I/O、电源等模块）或带有微处理器的数字式控制仪表构成；操作站具有生产过程信息的集中显示、操作和管理等功能，它由工业控制计算机、监视器、打印机、鼠标、键盘、通信网卡等构成；过程通信网络用于实现操作站与控制站的连接，完成信息、控制命令等的传输，通常过程通信网络还提供与企业管理网络的连接，以实现全厂综合管理。DCS 系统可以实现单元组合式控制仪表中除变送和执行单元之外所有的功能，并且由于计算机运算功能强大，其所能实现的功能也是单元组合式控制仪表无法比拟的。

5. 现场总线控制系统（FCS 系统）

FCS 系统是基于现场总线技术的一种新型计算机控制装置。其特点是现场控制和双向数字通信，即将传统上集中于控制室的控制功能分散到现场设备中，实现现场控制，而现场设备与控制室内的仪表或装置之间为双向数字通信。

现场总线是连接智能现场设备和自动化系统的数字式、双向传输、多分支结构的通信网络。其中现场设备是指系统最底层的监测、执行和计算设备，如智能化的变送器、执行器或控制器等。

FCS 系统具有全数字化、全分散式、可互操作、开放式以及现场设备状态可控等优点，它是控制仪表与装置的发展趋势。FCS 系统中还可能出现以以太网技术和无线通信技术为基础的计算机控制系统。

二、自动化装置的发展历程

自动化仪表及装置的发展与自动化系统的发展有极其密切的关系。它们相互促进，共同发展。几十年来，生产过程自动化在经历了单个仪表就地控制、计算机集中控制和分散控制之后，自二十世纪八十年代以来，随着微电子技术、计算机技术、通信技术和智能控制理论的发展，又出现了基于现场总线的开放型的自动化系统，并向网络化、智能化方向发展。

（一）从分散的就地控制向集中控制发展

早期的生产过程自动化是采用分散的基地式仪表，实现现场就地控制。控制系统一般都是以自动平衡式记录仪为基础，附加 PID 调节器，再配以执行器构成单参数控制系统。随着生产规模的不断扩大，在二十世纪五六十年代就出现了单元组合式控制仪表，采用模拟控制技术和经典控制理论，实现生产过程的集中监测与控制。当时的集中控制系统主要由模拟显示调节仪和单元组合仪表构成。

对用计算机来进行生产过程的集中控制的探索始于二十世纪六十年代。计算机集中控制系统将多个控制回路和多个控制变量的显示、操作和控制全部集中在一台计算机上完成。与常规仪表控制系统相比，这种计算机集中控制系统具有许多优点，如功能齐全、可用于复杂过程控制；高度集中，便于信息的分析与综合，易于实现最优控制；可用软件组态，控制灵活；用 CRT 显示器代替仪表盘，改善了人机接口。计算机在生产过程中的应用把过程控制提到了一个新的水平。但是，由于计算机承担的任务过于集中，因而危险集中，控制系统脆弱，可靠性差。虽然可采用双重计算机等冗余技术，但成本较高，故只在部分领域获得应用。

（二）从集中控制向分散控制发展

为了提高控制系统的可靠性，克服计算机集中控制危险集中的致命弱点，提出了一种分散控制的思想，即把危险分散、管理集中，形成一种新型的控制系统——分散控制系统（DCS）。分散控制系统得以实现的基础是二十世纪七十年代计算机技术、控制技术、通信技术和 CRT 显示技术（即"4C"技术）的发展。分散控制系统经历了第一代、第二代、第三代的发展，形成了多种型号的系列产品，投入运行的控制回路有数百万个之多，在工业自动化领域中发挥了重要作用。但是现场仪表与上位机的联络过程中只有少部分现场仪表能送出数字信号，大部分仍是 4～20mA 的模拟信号，而且现场仪表信号标准不统一，工作不兼容，给用户带来不便。为此世界各国进行了大量的研究，出现了现场总线控制系统。

（三）从分散控制 DCS 向现场控制 FCS 发展

现场总线是将现场仪表与控制室内仪表连接起来的全数字化、双向、多站的通信网络。总线网络的每一个节点都有一台智能化仪表，包括变送器、测量控制仪表、执行器等现场仪表和控制室内仪表装置。这些仪表和装置都遵循统一的标准和规范，按照系统化和开放型的要求，构成新一代的自动化系统结构。它是分散型控制系统的继承、延伸和进一步的发展。

现场总线的网络是按国际标准化组织（ISO）制定的开放系统互连（OSI）参考模型建立的。它由物理层、数据链路层、应用层、用户层组成，具有低速总线 H1 和高速总线 H2，并可以与 Internet、Intranet 等连接。

构成现场控制系统 FCS 有两种基本方法。其一是对每一个现场用的变送器、阀门、定位器等赋予数字化检测、控制及通信功能，把各支路节点按拓扑方式连接到现场总线上构成 FCS；其二是采用工业网络的节点方式，把 DCS 的控制站和显示操作站两大主体连接起来，由智能节点、网络接口卡、实时数据库和上位机等组成。

现场总线控制系统传递的是数字信号。信息传输速率可达 1～2.5Mbit/s，传送距离可达数公里。传输介质采用双绞线或光缆，节省大量导线和安装费用。系统采用国际统一标准，不同厂家产品可兼容、互换和互联，系统具有开放性。

（四）从集团协议向国际标准发展

1984 年，美国 Intel 公司推出了最早的现场总线标准——Bitbus 标准。随后，美国 Rosemount 公司推出 HART 协议；德国的 Siemens、AEG、ABB 等公司推出了 Profibus 标准；1992 年，ISP 集团以德国标准 Profibus 为基础提出了 ISP 协议；World FIP 组织，有 150 多家成员，以法国标准 FIP 为基础，提出了 World FIP 总线标准；此外还有 CAN、LON Works、ASI 等低层次的总线标准。

这种"群芳争艳"的局势不利于现场总线的发展，国际电工委员会（IEC）于 1985 年开始组织制定国际性的现场总线标准，定名为"Fieldbus"。现场总线标准化和国际化是必然的趋势，在不远的将来，IEC-ISA 的"Fieldbus"有望成为国际上统一的现场总线标准。

（五）自动化仪表及装置向智能化发展，控制系统结构向网络化发展

在控制领域，通过"数字化"将物理概念信息变成数字编码，便于存储、处理和传输；再按选定的控制规律进行重复处理，"自动化"达到预期的目的；进一步按选定的指标要求，在多种方案中求取最佳方案，以获得"最优化"的解；最后凭借经验、理解、推理、判断和分析的能力，"智能化"使用有关领域的知识。

控制系统的结构将向开放型网络式综合控制管理系统发展，实现生产过程自动化和全厂经营管理自动化的计算机集成生产（CIMS，CIPS），将过程控制、信息管理、通信网络融为一体，使测量、控制、管理的数据共享，将生产的连续控制、顺序控制、批量控制等综合在一起，实现总体优化和综合控制。其结构与现有 DCS 结构比较如图 1-3 所示。

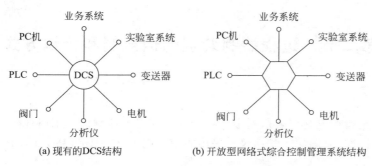

(a) 现有的DCS结构　　　　(b) 开放型网络式综合控制管理系统结构

图 1-3　开放型网络式综合控制管理系统与 DCS 结构比较

自动化装置的发展历程如表 1-2 所示。

表 1-2　自动化装置的发展历程简表

时间	名称	结构	特点	主要产品
20 世纪 30～40 年代（1935）	基地式仪表	将测量、显示、记录、调节都放在一个表壳里的仪表（以指示记录仪表为中心，附加某些调节机构）	结构简单,适于单参数就地控制	KF 系列气动基地式仪表（日本山武-霍尼韦尔公司），带 PID 调节的电子电位差计（上海自动化仪表厂）
20 世纪 40～50 年代（1955）	单元组合式仪表	将整套仪表划分成若干个单元，各单元之间采用统一的标准信号连接。使用时根据需要，经过不同的搭配，就可组成各种各样的检测及控制系统	应用灵活,通用性强	Ⅰ 系列、EK 系列仪表（日本横河公司），国产 DDZ-Ⅱ、DDZ-Ⅲ 系列仪表（北京、上海、西安、大连、天津、吉林、重庆等仪表厂）
20 世纪 60～70 年代（1972）	组装式综合控制装置	运算调节机柜,显示操作机柜	装配灵活,功能分离（调节与显示操作分离）	Spec-200（美国福克斯波罗公司），TF 系列（上海自动化仪表厂），MZ-Ⅲ 系列（西安仪表厂）
20 世纪 70～80 年代	集中式数字控制系统	采用单片机、嵌入式系统或微机作为控制器实现集中的信号采集和控制功能	控制器内部传输的是数字信号，克服了模拟仪表控制系统中模拟信号精度低的缺陷,但危险集中、可靠性差	基于工控机的控制系统、NI 虚拟仪器系统
20 世纪 80～90 年代	集散控制系统、PLC	集散控制系统由集中管理部分、分散控制监测部分和通信部分组成	集中操作、集中管理、集中显示、危险分散、控制分散、负载分散	美国霍尼韦尔（HONEYWELL）TPS 系统，美国福克斯波罗（FOXBORO）I／A 系统，日本横河（YOKOGAWA）CS300 系统,浙大中控 ECS-700 系统
20 世纪 90 年代	现场总线控制系统	设备之间采用网络式连接,全分布式控制系统	系统具有开放性、互操作性和可用性，通信的实时性与确定性，现场设备的智能与功能自治性以及对环境的适应性	基金会现场总线（FF），HART 现场总线协议,Profibus 现场总线等
21 世纪初	工业以太网控制系统	采用以太网的网络式连接方式	是基于以太网技术的全分布式控制系统，属于现场总线技术的最新发展	EtherNet/IP,Modbus,EPA 等

第二节 过程控制装置的信号制和传输方式

一、信号制

所谓信号制是指在成套仪表系列中，各个仪表的输入和输出采用何种统一的联络信号进行传输（即通信标准）。例如，气动仪表采用的信号制为 $20 \sim 100 \text{kPa}$，电动仪表采用的信号制为 $4 \sim 20 \text{mA DC}$。

二、信号的传输方式

（一）电流信号传输

电流信号传输是电流传递—电流接收的串联方式：$0 \sim 10 \text{mA}$ 传送，$0 \sim 10 \text{mA}$ 接收，220V 交流供电，在 DDZ-Ⅱ型仪表中使用。图 1-4 所示为电流信号传输模式示意图。

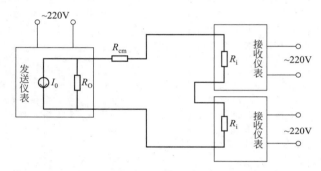

图 1-4 电流信号传输模式示意图

R_O—输出阻抗；R_{cm}—导线电阻；R_i—输入电阻

（二）电压信号传输

电压信号传输是电流传递—电压接收的并联方式：$4 \sim 20 \text{mA}$ 传送，$1 \sim 5 \text{V}$ 接收，24V 直流供电，在 DDZ-Ⅲ型仪表、Ⅰ系列、EK 系列、YS-80 系列、YS-100 系列中使用。现场传输信号为 $4 \sim 20 \text{mA DC}$，控制室联络信号为 $1 \sim 5 \text{V DC}$。图 1-5 所示为电压信号传输模式示意图。

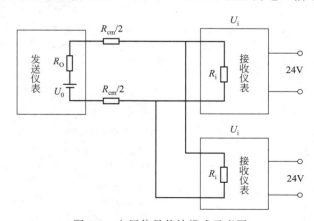

图 1-5 电压信号传输模式示意图

表 1-3 为仪表直流电流与直流电压两种信号传输模式的差别比对表，其中采用直流电流模式传输时，要求信号发送仪表应具有恒流特性，其负载电阻在一定范围内变化时，输出电流变化小于允许值。

表 1-3　直流电流传输与直流电压传输的比较

直流电流传输	直流电压传输
增加或减少一台仪表，装置构成的系统停止运行	增加或减少一台仪表，装置构成的系统正常运行
串联制：发信和接收装置串联，易于信号远距离传输	并联制：发信和接收装置并联，不易于信号远距离传输
无公共接地点：各装置可有自己的接地点，系统不允许有公共接地点（会短路）	有公共接地点：各装置可有自己的接地点，系统允许有公共接地点
输入阻抗↓，输出阻抗↑	输入阻抗↑，输出阻抗↓
输入阻抗 R_i↓，输出阻抗 R_O↑，信号有损失，为减小传输误差，仪表应有恒流特性（负载电阻在一定范围内变化时，I_0 的变化应小于允许值）	输入阻抗 R_i↑，输出阻抗 R_O↓，并联仪表越多，信号损失越大，为减小传输误差，并联装置的数量应≤4
信号传输误差：$\varepsilon = \dfrac{I_0 - I_i}{I_0}$ $= \dfrac{I_0 - \dfrac{R_O}{R_O + R_{cm} + nR_i}I_0}{I_0} \times 100\%$ $= \dfrac{R_{cm} + nR_i}{R_O + R_{cm} + nR_i} \times 100\%$	信号传输误差：$\varepsilon = \dfrac{U_0 - U_i}{U_0} \times 100\%$ $= \dfrac{U_0 - \dfrac{\dfrac{U_0 R_i}{n}}{R_O + R_{cm} + \dfrac{R_i}{n}}}{U_0} \times 100\%$ $= \dfrac{R_O + R_{cm}}{R_O + R_{cm} + \dfrac{R_i}{n}} \times 100\%$ 一般要求 $\dfrac{R_i}{n} \gg R_O + R_{cm}$，因此 $\varepsilon \approx \dfrac{n(R_O + R_{cm})}{R_i} \times 100\%$

表 1-4 为仪表高压交流供电与低压直流供电两种供电模式的比较，目前现场仪表采用 24V DC 供电方式较为常见。

表 1-4　高压交流供电与低压直流供电的比较

220V AC 供电	24V DC 供电
装置采用高压供电，无本质安全特性	装置采用低压供电，有本质安全特性
高电压供电：装置一旦产生火花，容易引起装置周围的爆炸性混合物爆炸或起火	低电压供电：装置一旦产生火花，不易引起装置周围的爆炸性混合物爆炸或起火

表 1-5 为仪表直流信号上、下限的比较，DDZ-Ⅱ型仪表的信号范围是 0～10mA，DDZ-Ⅲ型仪表的信号范围是 4～20mA，目前现场仪表绝大多数采用的是 4～20mA 信号范围。

表 1-5　直流电流信号上、下限的比较

信号下限＝0mA，上限＝10mA	信号下限＝4mA，上限＝20mA
下限＝0mA，加减乘除运算方便，易于刻度换算； 电气零点＝机械零点，零点不易区别； 上限＝10mA，产生的电磁力（安培力）较小，故带负载能力差	下限＝4mA，躲开晶体管死区，一开始就工作在线性区； 电气零点≠机械零点，零点易于区别； 上限＝20mA，产生的电磁力（安培力）较大，故带负载能力强

图 1-6 为变送器与控制室装置的信号传输方式示意图，现场仪表通过温度变送器将信号转换为 4～20mA 标准信号，通过隔离式安全栅接入控制室控制柜，经过调节器或者控制器进行运算后得到 4～20mA 输出信号，然后再通过隔离式安全栅将 4～20mA 控制信号输送到气动调节阀。

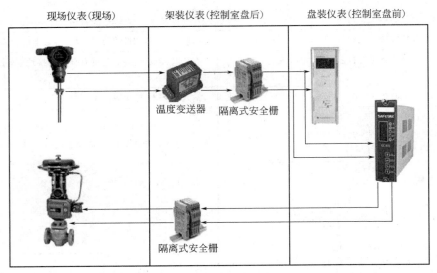

现场仪表(现场)　　　架装仪表(控制室盘后)　　　盘装仪表(控制室盘前)

温度变送器　隔离式安全栅

隔离式安全栅

图 1-6　变送器与控制室装置的信号传输方式

第三节　调节器的相关参数与概念

一、调节器的输入信号和输出信号

输入信号：测量信号和给定信号比较的偏差信号，用式（1-1）中 ΔX 表示。

$$\Delta X = X_i - X_s \tag{1-1}$$

式中，X_i 表示测量信号；X_s 表示给定信号。

输出信号：在偏差信号的作用下输出的变化量，用 ΔY 表示。

习惯上，$\Delta X > 0$——正偏差；$\Delta X < 0$——负偏差。

调节器正反作用的定义：ΔX 增加，ΔY 也增加，属于正作用调节器；ΔX 增加，ΔY 减小，则属于反作用调节器。

调节器的输入信号和输出信号可以是不同的物理量。为了用通式表示它们的特性，采用无量纲方程，故都用相对量来表示调节器的输入和输出信号。式（1-2）和式（1-3）分别给出相对输入量和相对输出量表达式。

相对输入量　　　　　$$x = \frac{\Delta X}{X_{max} - X_{min}} \tag{1-2}$$

相对输出量　　　　　$$y = \frac{\Delta Y}{Y_{max} - Y_{min}} \tag{1-3}$$

二、比例调节器

输出信号和输入信号成正比

$$y = K_P x \qquad (1\text{-}4)$$

其中，K_P 为比例增益，K_P 增大，比例作用增强，K_P 减小，比例作用减弱。给比例（P）调节器输入一个阶跃信号，输出信号立即产生一个向上的跳变，如图 1-7 所示。$K_P > 1$ 时呈现放大作用，$K_P < 1$ 时呈现缩小作用。

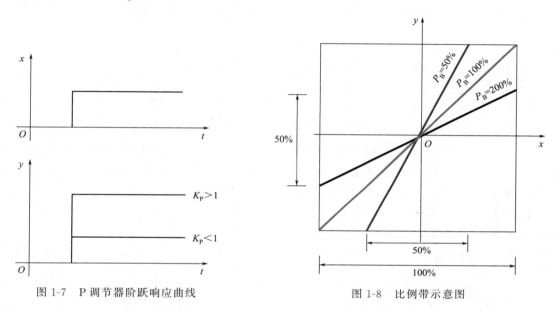

图 1-7　P 调节器阶跃响应曲线

图 1-8　比例带示意图

P 调节器就是一台放大倍数可调节的放大器。P 调节器整定的参数是比例带 P_B。P_B 的定义为输入信号的相对变化量和输出信号的相对变化量之比

$$P_B = \frac{x}{y} \times 100\% = \frac{\dfrac{\Delta X}{X_{\text{imax}} - X_{\text{imin}}}}{\dfrac{\Delta Y}{Y_{\text{max}} - Y_{\text{min}}}} \times 100\% = \frac{1}{K_P} \times 100\% \qquad (1\text{-}5)$$

从式（1-5）可以看出，在数值上 P_B 和 K_P 之间是倒数关系。表 1-6 所示为输入、输出信号和比例带关系表，给出了几种典型比列带数值下的输入和输出信号变化关系，图 1-8 为对应的比例带示意图。

表 1-6　输入、输出信号和比例带关系表

P_B	输入信号变化	输出信号变化
50%	100%	200%
100%	100%	100%
200%	100%	50%

对于输入范围和输出范围均相等的调节器，比例带为

$$P_B = \frac{1}{K_P} \times 100\% = \frac{\Delta X}{\Delta Y} \times 100\% \qquad (1\text{-}6)$$

P 调节器的特点：输出信号对输入信号的响应快速、调节作用非常及时，P 调节器有余差。若用 P 调节器构成控制系统，调节动作结束时会产生余差。余差的定义为调节过程结束时测量信号的新稳态值和给定信号之差。

图 1-9 中 x_s、x_i、x、y 分别是用相对量表示的给定值、测量值、输入信号、输出信号。假设系统原处于平衡状态，则 $x_i = x_s$。由于扰动 f 的加入，使对象的输出发生变化，破坏了平衡状态。若 $f \uparrow \rightarrow x_i \uparrow \rightarrow x_i > x_s \rightarrow x$ 进入调节器，经运算后，有 y 去克服扰动 f，力图使 $x_i \downarrow$，但是因 P 调节器的输出 y 和输入 x 成正比关系而有相互对应关系，故若想输出一定的信号 y 去克服扰动 f 的影响，就必须有一定的输入信号 x 存在。

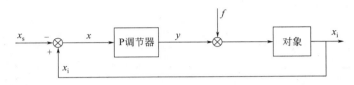

图 1-9　P 调节器构成的定值控制系统

因此，比例调节过程结束时，总存在 $x = x_i - x_s$。其中，x_i 为新稳态值；x_s 为给定值；x 为余差。所以，当负荷发生变化时（x_i 发生变化），或给定值发生变化时（x_s 发生变化），P 调节器均会产生余差，其大小和比例增益有关，比例增益越大，余差越小。

【例 1】 一台比例调节器，输入信号 1～5V，输出信号 4～20mA，若 $P_B = 40\%$ 时，输入信号变化量为 1V，输出信号的变化量为多少？

分析：使用 P_B 定义。

解：$P_B = \dfrac{x}{y} \times 100\% = \dfrac{\dfrac{\Delta X}{X_{imax} - X_{imin}}}{\dfrac{\Delta Y}{Y_{max} - Y_{min}}} \times 100\%$，$40\% = \dfrac{\dfrac{1V}{(5-1)V}}{\dfrac{\Delta Y mA}{(20-4)mA}} \times 100\%$。

输出变化量：$\Delta Y = 10mA$。

【例 2】 两台比例调节器，输出信号的相对变化量相同，第一台的输入信号的相对变化量为 60%，第二台的输入信号的相对变化量为 30%，两台比例调节器，哪一台的比例增益大？

分析：使用 K_P 定义。

解：$y = K_P x$，y 相等，x 越小，K_P 越大，第二台的 K_P 大。

【例 3】 液位控制系统采用纯比例调节器，在开车前要对变送器、调节器和执行器进行联校。当 $P_B = 20\%$，偏差 $= 0$ 时，手动操作使调节器的输出 $= 50\%$，若给定信号突变 5%，试问突变瞬间调节器的输出处在什么位置上？

分析：使用 P_B 定义、正反作用。

解：$P_B = 20\%$，表明 $K_P = 5$；给定信号突变 5%，表明调节器的偏差信号同样突变 5%；调节器的输出信号变化量为 $5\% \times 5 = 25\%$；考虑到正作用，调节器的输出信号处于 $50\% + 25\% = 75\%$；考虑到反作用，调节器的输出信号处于 $50\% - 25\% = 25\%$。

三、积分调节器

积分（I）调节器的输出信号与输入信号对时间的积分成正比

$$y = \frac{1}{T_I} \int x \, dt \tag{1-7}$$

式（1-7）中 T_I 为积分时间。T_I 增大，积分作用减弱；T_I 减小，积分作用增强。输入阶跃信号，输出信号随时间的延长不断增加，当输入信号结束时，输出信号就停留在某个位置上。

输出信号和输入信号存在的有关因素：大小、方向、时间和无定位特性。

无定位特性是指，当输入信号消除时，I 调节器的输出可以稳定在任何一个数值上，如图 1-10 所示为积分调节器特性示意图。I 调节器的特点为只要偏差存在，输出就会随着时间增加不断地增长，直到偏差消除为止。偏差刚出现时，积分调节器输出的反应缓慢，不像比例调节器那样及时迅速，导致动态偏差增大，调节过程拖长。

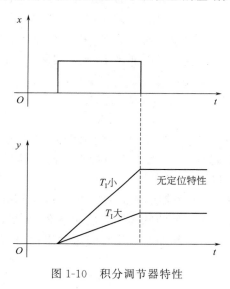

图 1-10　积分调节器特性

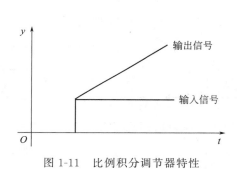

图 1-11　比例积分调节器特性

四、比例积分调节器

综合比例调节器和积分调节器两者的优点，形成比例积分（PI）调节器。

$$y = K_P \left(x + \frac{1}{T_I} \int x \, dt \right) \tag{1-8}$$

输入阶跃信号瞬间，输出信号向上跳跃，形成比例作用。然后，随着时间的增加而逐渐上升，形成积分作用。可见 PI 调节器的输出是比例和积分的合成。图 1-11 所示为比例积分调节器特性。

PI 调节器整定的参数为 P_B 和 T_I。T_I 的定义为调节器在阶跃输入信号的作用下，积分部分的输出变化到和比例部分的输出相等时所经历的时间。简单来说，T_I 就是积分输出等于比例输出所需要的时间。

比例带 P_B 和积分时间 T_I 的测试方法：根据定义进行测试，比如现有一台 ICE 调节器，定义 $P_B = 100\%$，$T_I = 2\text{min}$，实际测试一下 P_B 是否为 100%，T_I 是否为 2min。

测试方法是用手动方式使输出信号 $= 4\text{mA}$。$t = 0$ 时，输入阶跃信号 $= 4\text{mA}$，输出信号从 4mA 变化到 8mA，表明比例带 $P_B = 100\%$；当输出信号从 8mA 再变化到 12mA 时，用

秒表测试经过的时间正好是 2min，表明 $T_I = 2$min。

理想 PI 调节和实际 PI 调节器的对比分析如表 1-7 所示。图 1-12 所示为 PI 调节器积分饱和示意图。

表 1-7　理想 PI 调节器和实际 PI 调节器对比

理想 PI 调节器	实际 PI 调节器
输入信号长期存在	输入信号长期存在
输出信号随着时间的增长不断地变化	输出信号随着时间的增长趋于有限值 $K_P K_I x$
原因：理想放大器的增益＝∞	原因：实际放大器的增益≠∞

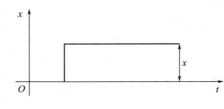

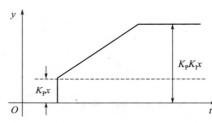

图 1-12　PI 调节器积分饱和示意图

上述分析表明积分部分的输出具有饱和特性。把 $t \to \infty$ 时，PI 调节器出现积分饱和时的增益 $K = K_P K_I$ 称为静态增益，式中的 K_I 称为积分增益。K_I 的定义为在阶跃输入信号的作用下，实际的 PI 调节器输出的最终变化量和初始变化量之比，即

$$K_I = \frac{y(\infty)}{y(t_0)} = \frac{K_P K_I x}{K_P x} \tag{1-9}$$

K_I 表示实际的 PI 调节器消除余差的能力，K_I 越大，余差越小。PI 调节器的特点：输出信号响应速度快，可以消除余差。

【例 4】　某调节器的 $P_B = 100\%$，$T_I = 2$min，在输入＝输出＝12mA 的状态下，将输入信号从 12mA 突变到 14mA，试问经过多长时间后输出信号可以达到 20mA？

分析：使用 $y = K_P \left(x + \dfrac{1}{T_I} \displaystyle\int x \, \mathrm{d}t \right)$。

解：$20 - 12 = 1 \times \left[2 + \dfrac{1}{2} \times \left(\displaystyle\int 2\mathrm{d}t \right) \right]$，$8 = 2 + \dfrac{1}{2} \times (2t)$，$t = 6(\text{min})$。

【例 5】　参见图 1-13(a) 所示曲线，曲线 1 为 $P_B = 100\%$ 时的 PI 特性曲线，若其它条件不变，令 $P_B = 50\%$，则曲线 1 变成曲线 2，是否正确？为什么？

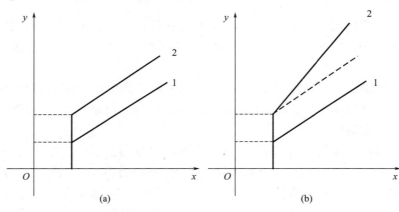

图 1-13　例 5 图

分析：使用 T_I 的定义。

解：不对，由曲线 1 的已知条件 $P_B=100\%$ 可以推导出曲线 1 的 T_I 为某个值，曲线 2 和曲线 1 的 T_I 值是相同的。但是 $P_B=100\%$ 变成了 $P_B=50\%$，比例部分的输出有变化，在同一 T_I 下应有 2 倍的比例输出，所以曲线 2 的斜率变陡峭，如图 1-13(b) 所示。

五、微分调节器

微分（D）调节器输出信号和输入信号的变化速度（变化率）成正比

$$y=T_D\frac{\mathrm{d}x}{\mathrm{d}t} \qquad (1\text{-}10)$$

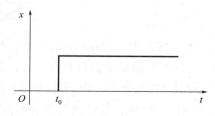

式中，T_D 为微分时间，T_D 增大，微分作用增强；T_D 减小，微分作用减弱。输入阶跃信号，$t=t_0$ 瞬间，输出信号跳向无穷大，$t>t_0$ 以后，输出信号返回零状态。如图 1-14 所示为理想微分调节器的单位阶跃响应曲线。

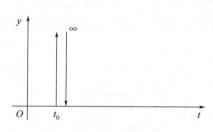

D 调节器的特点为输入变化速度越快，输出就越大；输入变化速度非常小，即使经过长时间的积累输入变成较大的数值，输出仍然不响应。

图 1-14　理想微分调节器
单位阶跃响应曲线

六、比例微分调节器

比例微分（PD）调节器综合比例调节器和微分调节器两者的优点，其输入输出有如下关系：

$$y=K_P\left(x+T_D\frac{\mathrm{d}x}{\mathrm{d}t}\right) \qquad (1\text{-}11)$$

给 PD 调节器输入一个阶跃信号，$t=t_0$ 时，输出跳向无穷大，$t>t_0$ 时，又跳回比例部分，如图 1-15 所示。

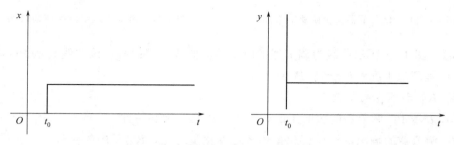

图 1-15　PD 调节器单位阶跃响应曲线

上述的 D 调节器和 PD 调节器都是理想的，当输入信号中含有高频信号时，就会使输出产生干扰信号，造成执行器的误动作。实际的 PD 调节器都具有饱和特性。给实际的 PD 调节器输入阶跃信号时，在 $t=t_0$ 时，输出不是无穷大，而是趋近于一个有限值 K_PK_Dx，这表明微分输出有饱和特性，其中 K_D 称为微分增益。$t>t_0$ 以后，微分输出的下降也不是瞬间完成，而是按指数规律下降，下降的快慢取决于微分时间 T_D，其表达式为

$$y = K_P \left[x + x(K_D - 1) e^{-\frac{K_D t}{T_D}} \right] \tag{1-12}$$

当 K_D 一定时，T_D 越大则微分作用越强，T_D 越小则微分作用越弱，$T_D = 0$ 时，D 作用消失，PD 调节器就变成 P 调节器了。如图 1-16 所示为实际 PD 调节器单位阶跃响应曲线。K_D 的定义为，在阶跃输入信号的作用下，实际的 PD 调节器的输出的初始变化量和最终变化量之比。

$$K_D = \frac{y(t_0)}{y(\infty)} = \frac{K_P K_D x}{K_P x} \tag{1-13}$$

K_D 越大则微分作用越强，K_D 越小则微分作用越弱。一般调节器 K_D 为 5～30 的常数。

PD 调节器整定的参数是 P_B 和 T_D。T_D 的定义为，在阶跃输入信号的作用下，实际的 PD 调节器的输出信号从开始的跳变值下降了"最大值和新稳态值之差的 63.2%"所经历的时间（t_d）的 K_D 倍，就是微分时间 T_D，即 $T_D = t_d \times K_D$，其中 t_d 为微分时间常数。PD 调节器的特点是不论输入信号多大，只要有变化趋势，立即产生输出信号，具有较强的调节作用。这是一种先于比例作用的调节动作，所以称为"超前"调节。

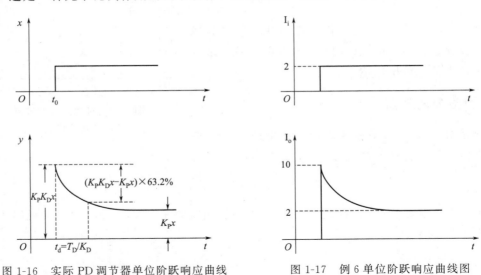

图 1-16　实际 PD 调节器单位阶跃响应曲线　　图 1-17　例 6 单位阶跃响应曲线图

【例 6】　图 1-17 所示曲线为调节器的阶跃响应曲线，试回答：该曲线表示 PD 调节器的实际工况还是理想工况？$K_D = ?$ $P_B = ?$

分析： K_P 和 K_D 的定义。

解： 1. 表示 PD 调节器的实际工况，因为输出具有饱和特性。

2. PD 调节器的输出的初始变化量和最终变化量之比，$K_D = 10/2 = 5$。

3. PD 调节器最终达到比例调节器的输出，$x = 2$，$K_P x = 2$，$P_B = 100\%$。

【例 7】　根据给定的输入信号和条件，如图 1-18 所示，画出 PD 调节器的输出信号波形。$P_B = 100\%$，$T_D = 2\text{min}$，$K_D = 5$。

分析： 阶跃响应波形。

解： $T_D = 2\text{min}$，$K_D = 5$，$t_d = T_D/K_D = 0.4$，$x = 1$，$K_P K_D x = 5$，$K_P x = 1$，PD 调节器的输出信号波形如图 1-19 所示。

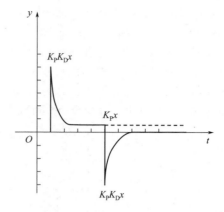

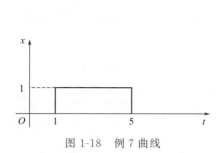

图 1-18　例 7 曲线　　　　　图 1-19　例 7 输出信号波形

七、比例积分微分调节器

综合 P、I、D 三者的优点，形成比例积分微分（PID）调节器。

$$y = K_P\left(x + \frac{1}{T_I}\int x\,\mathrm{d}t + T_D\frac{\mathrm{d}x}{\mathrm{d}t}\right) \qquad (1\text{-}14)$$

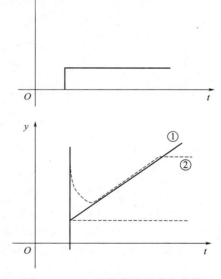

PID 调节器的阶跃响应曲线如图 1-20 所示，输入阶跃信号，①为理想的 PID 调节器的输出信号；②为实际的 PID 调节器的输出信号。PID 调节器的特点为反应迅速（P），消除余差（I），超前动作（D）。实际的 PID 调节器是微分和积分都有饱和特性，关键在于 K_D 和 K_I 均为有限值。

【例 8】　一台 ICE 调节器，$T_I = 2\mathrm{min}$，$T_D = 0.5\mathrm{min}$，若测量信号的指针由 50％ 下降到 25％ 时，其纯比例输出信号由 12mA DC 下降到 8mA DC，该调节器的比例带为多少？该调节器的作用方向是正还是负？

图 1-20　PID 调节器阶跃响应曲线

分析：比例带、正反作用。

解：根据 $P_B = \dfrac{x}{y} \times 100\% = \dfrac{\dfrac{\Delta X}{X_{i\max} - X_{i\min}}}{\dfrac{\Delta Y}{Y_{\max} - Y_{\min}}} \times 100\%$，可以得到 $PB = \dfrac{\dfrac{50\% - 25\%}{100\% - 0\%}}{\dfrac{12\mathrm{mA} - 8\mathrm{mA}}{20\mathrm{mA} - 4\mathrm{mA}}} \times$

$100\% = 100\%$，根据调节器正反作用的定义可以看出，调节器为正作用。

◁　思考题与习题　▷

1.为什么现场和控制室仪表之间采用 4～20mA 的电流传输信号，而控制室内部仪表之间采用 1～5V 的电压联络信号？这种信号制有何优点？

2.什么叫仪表的恒流特性？

3. 某调节器的测量信号的指针由 50% 变化到 25% 时，若该调节器的比例输出信号由 12mA DC 下降到 8mA DC，则调节器的比例带为多少？该调节器的作用方向是正还是负？

4. 某比例积分调节器，正作用，$P_B=50\%$，$T_I=1min$。在测量、给定和输出均为 50% 时，将测量信号突变到 55%，此时输出信号变化到多少？1min 后又变化到多少？

5. 一台比例微分调节器，$P_B=100\%$，$K_D=5$，$T_D=2min$，若给它输入一个如图 1-21 所示的阶跃输入信号，试画出它的输出响应曲线。

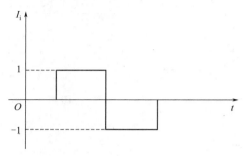

图 1-21　阶跃输入信号

6. 根据给定的输出信号波形（图 1-22）和条件画出调节器的输入信号的波形图，条件为 $P_B=100\%$，$T_I=1.5min$。

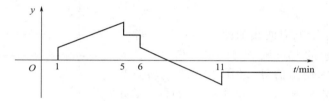

图 1-22　调节器输出信号

7. 微分作用是（　　）调节作用，其实质是阻止（　　）的变化，以提高（　　）的稳定性，使过程衰减得更厉害。T_D 越大，则微分作用（　　）；K_D 越小，则微分作用（　　）。

8. 一台 DTL121 调节器，稳态时测量信号、给定信号、输出信号均为 5mA，当测量信号阶跃变化 1mA 时，输出信号立刻变成 6mA，然后随时间均匀上升，当输出信号到达 7mA 时所用的时间为 25s，试问该调节器的 P_B 和 T_I 各为多少？

9. 根据给定的阶跃输入信号，如图 1-23 所示，画出调节器的输出信号波形图。

（1）P 调节器，$P_B=50\%$；

（2）PI 调节器，$P_B=100\%$，$T_I=3min$；

（3）PD 调节器，$P_B=100\%$，$T_D=3min$，$K_D=3$。

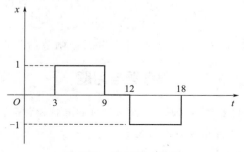

图 1-23　阶跃输入信号

第二章 模拟式和数字式仪表

本章重点介绍模拟式仪表和数字式仪表的基本原理、构成，给出模拟控制器和安全保持器等模拟式仪表的基本组成和原理，阐述 SLPC 调节器数字式仪表的主要功能、结构组成与编程方法等。

第一节　模拟式仪表

一、模拟控制器

模拟控制器（调节器）用模拟电路实现控制功能，其作用是对测量信号与给定值相比较所产生的偏差进行 PID 运算，并输出控制信号至执行器。

（一）模拟式控制器功能

模拟式控制器具有以下功能：偏差显示，输出显示，提供内给定信号及内、外给定的选择，正、反作用的选择，手动操作与手动/自动双向切换，以及抗积分饱和、输出限幅、输入报警、偏差报警、软手动、抗漂移、停电对策和冷启动等附加功能。

模拟式控制器提供内给定信号及内、外给定两种选择。当控制器用于单回路定值控制系统时，给定信号常由控制器内部提供，故称作内给定信号；当控制器作为串级控制系统或者比值控制系统中的副控制器使用时，其给定信号来自控制器的外部，称作外给定信号，它往往不是一个恒定值；控制器是接收外给定信号还是提供内给定信号，是通过内、外给定开关来选择的。

控制器的操作方式有手动操作与手动/自动双向切换操作，操作方式是通过控制器的手动/自动双向切换开关来方便地进行手动/自动切换。而在切换过程中，希望切换操作不会给控制系统带来扰动，即必须要求无扰动切换。

通常情况下，在手动操作时，控制器都具有自动输出信号自动地跟踪手动输出信号的功能，稳态时两者相等。这样，当控制器的偏差稳定在零时，由手动切换到自动，调节器的输出信号就不会突变，即可实现无扰动切换。

在自动运行时，则视控制器是否具有手动输出信号自动地跟踪自动输出信号的功能灵活处理。若无此功能，则由自动切换到手动之前，必须进行预平衡操作，即调整手动输出信号使其等于自动输出信号，然后由自动切换到手动，方能达到无扰动切换；若有自动跟踪功能，则由自动切换到手动时不必进行预平衡操作，便可实现无扰动切换。无平衡无扰动切换的定义为，两个信号（手动输出和自动输出）不需要一个相等的过程，在切换一瞬间输出信号没有变化。

(二) DDZ 型仪表

DDZ 型仪表为模拟式控制器的典型代表。DDZ 仪表是电动单元组合仪表的简称,DDZ 是由电、单、组三个汉字的汉语拼音第一个字母组成的,这种仪表是国内自行研制的一种新型自动化仪表。其发展经历了Ⅰ型(电子管为主要放大元件)、Ⅱ型(晶体管为主要放大元件)、Ⅲ型(集成电路为主要放大元件)三个阶段。DDZ-Ⅲ型具有以下特征:

① 采用统一信号标准 4~20mA DC 和 1~5V DC。这种信号制的主要优点是电气零点不是从零开始,容易识别断电、断线等故障。同样,因为最小信号电流不为零,可以使现场变送器实现两线制。

② 广泛采用集成电路,仪表的电路简化、精度提高、可靠性提高、维修工作量减少。

③ 可构成安全火花型防爆系统,用于危险现场。

如图 2-1 所示是 DDZ-Ⅲ型控制器的操作界面。如图 2-2 所示是基型调节器盘面布置图。

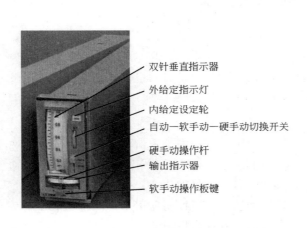

图 2-1 DDZ-Ⅲ型控制器

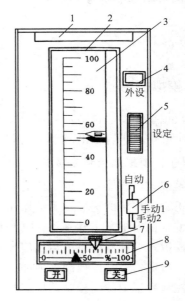

图 2-2 基型调节器盘面布置图

1—流程牌;2—双针指示表;3—标尺;4—外给定指示灯;5—内给定拨盘;6—"手动—自动"切换开关;7—"硬手动"拨杆;8—输出指示表;9—"软手动"按钮

DDZ-Ⅲ型控制器主要包括正面板、侧面板、背面接线端子、指示电路板、控制电路板。其内外特性图如图 2-3 所示。

(三) 基型调节器的构成

基型调节器包含指示单元与控制单元,其中控制单元主要包含输入电路、PID 电路、输出电路、手操电路等部分。基型调节器机构如图 2-4 所示。

(四) 基型控制器的工作状态

基型控制器有以下 4 种工作状态:

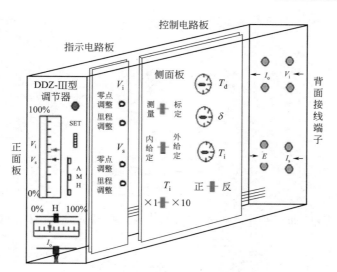

图 2-3 DDZ-Ⅲ型控制器的内外特性图

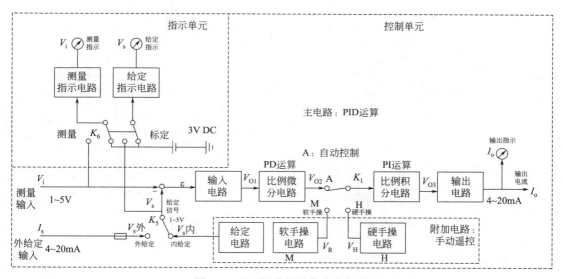

图 2-4 基型调节器的构成方框图

① 自动操作是对来自变送器的 1～5V 直流电压信号与给定值相比较所产生的偏差进行 PID 运算，并输出 4～20mA DC 的控制信号去控制执行器；

② 软手动操作是控制器的输出电流和手动操作电压成积分关系（可按快、慢两种速度线性地增加或减小，以对工艺过程进行手动控制）；

③ 硬手动操作是控制器的输出电流和手动操作电压成比例关系（即输出值与硬手动操作杆的位置——对应）；

④ 保持操作是控制器的输出保持切换前瞬间的数值。

控制器的四种工作状态有下面几种切换方式：

① "自动←→软手动"的切换是双向无平衡无扰动切换；

② "硬手动→软手动"或"硬手动→自动"的切换是无平衡无扰动切换；

③ "自动→硬手动"或"软手动→硬手动"的切换必须先预平衡方可达到无扰动切换。

四种工作状态的模式切换示意图如图 2-5 所示。

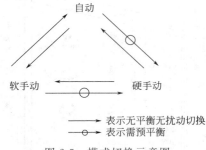

图 2-5　模式切换示意图

ICE 调节器是 DDZ-Ⅲ 型模拟控制器的典型代表，其构成方框图如图 2-6 所示。

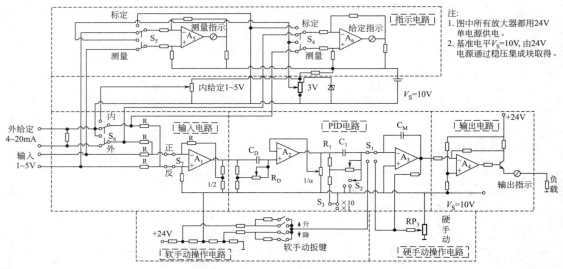

图 2-6　ICE 调节器构成方框图

二、安全保持器

（一）安全防爆的基本知识

通常来讲，爆炸三要素为自燃物质、助燃物质、激发能量，其中自燃物质与助燃物质统称爆炸性混合物。在化工生产的过程现场，经常含有氢、甲烷、乙烷、氨等易燃易爆的气体。这些可燃性气体都是自燃物质，它们和空气中的助燃物质——氧一起构成了爆炸性混合物。爆炸性混合物都是危险的，其危险程度是不一样的。可以根据最大不传爆间隙、自燃温度和最小引爆电流三项指标，对它们的危险程度进行分级分组：

1. 爆炸性混合物按最大不传爆间隙指标有 4 级（隔爆型）和 3 级两种分法

（1）4 级分法

1 级　最大不传爆间隙 >1.0mm；

2 级　0.6mm< 最大不传爆间隙 ≤1.0mm；

3 级　0.4mm< 最大不传爆间隙 ≤0.6mm；

4 级　最大不传爆间隙 ≤0.4mm。

（2）3 级分法

ⅡA 0.9mm＜最大不传爆间隙 ≤1.14mm；

ⅡB 0.5mm＜最大不传爆间隙 ≤0.9mm；

ⅡC 最大不传爆间隙 ≤0.5mm。

2. 爆炸性混合物按自燃温度指标分别有 5 组和 6 组两种分法

（1）5 组分法

a 组 自燃温度＞450℃；

b 组 300℃＜自燃温度≤450℃；

c 组 200℃＜自燃温度≤300℃；

d 组 135℃＜自燃温度≤200℃；

e 组 100℃＜自燃温度≤135℃。

（2）6 组分法

T1 组 300℃＜自燃温度≤450℃；

T2 组 200℃＜自燃温度≤300℃；

T3 组 135℃＜自燃温度≤200℃；

T4 组 100℃＜自燃温度≤135℃；

T5 组 85℃＜自燃温度≤100℃；

T6 组 自燃温度≤85℃。

3. 爆炸性混合物按最小引爆电流指标分为 3 级（本质安全型）

ⅡA 最小引爆电流＞120mA；

ⅡB 70mA＜最小引爆电流≤120mA；

ⅡC 最小引爆电流≤70mA。

含有爆炸性混合物的现场称为危险场所。以下为我国规定的三类危险场所：H——火灾危险场所；Q——含有可燃性气体或蒸气；G——含有可燃性粉尘或纤维。其中，根据危险程度不同把 Q 类危险场所分为如下三级：Q-1 级是正常情况下，能形成爆炸性混合物的现场；Q-2 级是正常情况下不能形成，仅在不正常情况下能形成爆炸性混合物的现场；Q-3 级是不正常情况下，仅在局部地区能形成爆炸性混合物的现场。

（二）我国防爆电气设备的分类

防爆电气设备主要指在易燃易爆场所使用的电气设备。常用的防爆电气设备主要分为防爆电机、防爆变压器、防爆开关类设备和防爆灯具等。

通常情况下，把防爆电气设备的防爆结构分 6 类：防爆安全型（标志 A）、隔爆型（标志 B）、防爆充油型（标志 C）、防爆通风（或充气）型（标志 F）、防爆安全火花型（标志 H）和防爆特殊型（标志 T）。表 2-1 为防爆电气设备的型号及其类别。

表 2-1 防爆电气设备的型号及其类别

类别	型号	类别	型号	类别	型号	类别	型号
本安型	i	隔离型	d	充油型	o	充砂型	q
正压型	p	无火花型	n	增安型	e	特殊型	s

经常使用的自动化装置一般都是防爆隔离型和防爆安全型这两种类型的。其中隔离型是

在外壳的内部发生爆炸时，不引起外部爆炸性混合物爆炸的电气设备；安全型是在正常或事故状态下产生的火花都不能引起爆炸性混合物爆炸的电气设备。正常状态是在设计规定条件下正常工作；实验时，在实验装置中产生短路或断路视为正常。事故状态是在电路中，非保护性元件损坏或产生短路、断路、接地及电源故障等情况。

对于防爆电气设备需要了解以下几组概念：

① 安全火花是其能量不足以引起周围爆炸性混合物起火或爆炸的火花；

② 安全火花型仪表是在正常或事故状态下产生的火花均不能引起爆炸性混合物爆炸的仪表；

③ 非安全火花型防爆系统是通过配电盘向现场仪表供电和向控制室仪表传输信号的系统；

④ 安全火花型防爆系统是通过"安全保持器"向现场仪表供电和向控制室仪表传输信号的系统（现场仪表必须是本质安全仪表）；

⑤ 关联设备是与安全火花型电路相联（指安装在控制室，但又和现场仪表有联系），并影响其安全火花性能的有关设备。

图 2-7 为防爆系统组成示意图。图中上半部分是非安全火花型防爆系统，下半部分通过安全保持器与变送器和调节阀相连接的系统就是安全火花型防爆系统。

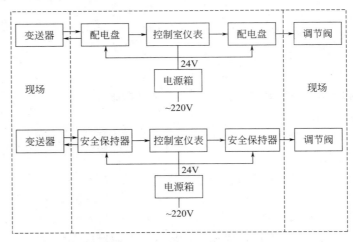

图 2-7　防爆系统组成示意图

图 2-8　仪表实物铭牌图

（三）隔爆型和安全火花型自动化装置的符号标记

隔爆型和安全火花型自动化装置的符号标记有下面几种形式：如 B_{3d} 中"B"指隔爆型，"3"指 3 级防爆，"d"指自燃温度为 d 组；$H_{Ⅲe}$ 中"H"指安全火花型，Ⅲ指最小引爆电流小于 $70mA$，"e"指自燃温度为 e 组；ExiaⅡCT5 是表示Ⅱ类本质安全型 ia 等级 C 级 T5 组；ExdⅡBT3 是表示Ⅱ类隔爆型 B 级 T3 组。图 2-8 所示仪表实物铭牌图中仪表的防爆标志为 ExdIICT6，则表示Ⅱ类隔爆型 C 级 T6 组。

（四）齐纳式安全保持器

1. 齐纳式安全保持器的三种规格

BARD-200 是和热电偶配合使用，构成本安防爆系统；BARD-300 是和热电阻配合使用，构成本安防爆系统；BARD-400 是和两线制变送器、执行器配合使用，构成本安防爆系统。

齐纳式安全保持器的具体接线方式如图 2-9 和图 2-10 所示。

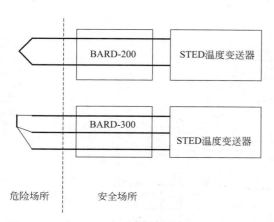

图 2-9　BARD-200 和 BARD-300 接线方式示意图

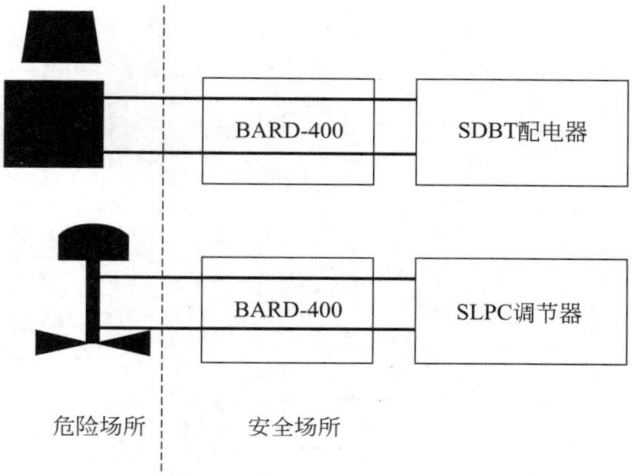

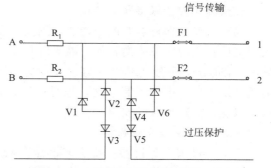

图 2-10　BARD-400 接线方式示意图

2. 齐纳式安全保持器的构成

齐纳式安全保持器主要由信号传输电路、过压保护电路两部分构成。其工作原理是，齐纳式安全栅电路中采用快速熔断器、限流电阻或限压二极管对输入的电能量进行限制，从而保证输出到危险区的能量在安全范围内。图 2-11 为齐纳式安全保持器的结构示意图，其中信号传输电路部分由连接点 A、R_1、F1、连接点 1，连接点 B、R_2、F2、连接点 2 构成；过压保护电路部分由 V1、V2、V3，V4，V5、V6 构成。

图 2-11　齐纳式安全保持器结构示意图

（五）隔离式安全保持器

1. 隔离式安全保持器的用途

一是给二线制变送器供电；二是把二线制变送器的输出电流 1∶1 地传送到调节器。

2. 隔离式安全保持器的工作原理

① 24V 电源→DC/AC/DC 的变换过程→向变送器隔离式供电（变压器）：24V DC→多谐振荡器→中高频（8kHz）方波→整流滤波器→24V DC→限能器→给二线制变送器提供 24V DC；

② 4～20mA 信号→DC/AC/DC 的变换过程→向调节器隔离式传输信号（变压器）：二线制变送器产生 4～20mA DC→限能器→调制器（需要多谐振荡器输入方波）→中高频

（8kHz）方波→电流互感器→整流滤波器→4～20mA DC→调节器输出 4～20mA DC/1～5V DC。

为了防止高能量（大电压）从安全场所窜入危险场所，设置了过电压（≥30V）限制器；为了防止高能量（大电流）从安全场所窜入危险场所，设置了过电流（≥30mA）限制器。如图 2-12 所示为隔离式安全保持器工作原理图。

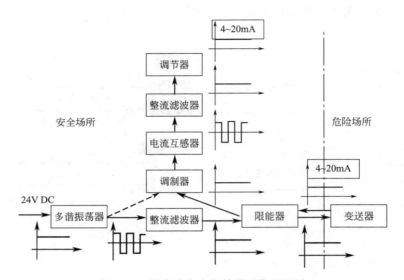

图 2-12　隔离式安全保持器工作原理图

3. 隔离式安全保持器的特点

隔离式安全保持器有两个特点：隔离，限能。隔离是将危险场所的仪表和安全场所的仪表用变压器实现电气隔离，使危险场所和安全场所之间只有磁的联系，没有电的联系。通过隔离可以防止变压器原副边击穿时，原边高压信号窜入危险场所，破坏其安全火花性能。限能是利用电压、电流限制电路，把可能窜入危险场所的大电压、大电流限制在安全定额之内，以保证危险场所的安全。

4. ISB-5262 安全保持器

ISB-5262 安全保持器主要由多谐振荡器、调制式直流放大器、限能器三部分构成。多谐振荡器的作用是将 24V DC 转换成频率为 8kHz 的交流矩形波电压。调制式直流放大器的作用是对 4～20mA DC 进行 DC/AC/DC 转换传递，是由调制器、电流互感器、整流滤波器这三部分构成。限能器的作用是限制进入危险场所的大电压和大电流，采取双工备用的方式。如图 2-13 为调制式直流放大器结构图。

在信号处理方面，无论 T_1 副边的方波相位如何变化，二线制变送器流过的电流始终是一个方向，所以是直流电流。流经互感器 T_2 的电流却不是一个方向，一会儿从中心抽头向下流动，一会儿从中心抽头向上流动，所以是交变电流。互感器 T_2 原边的交变电流耦合到副边后，再经 V_{13} 与 V_{14} 全波整流、R_7 与 C_4 阻容滤波，流经负载电阻时又变成 4～20mA DC。所以可以得出这样的结论：从信号的角度来看，在二线制变送器为 DC，在 T_2 为 AC，在负载电阻上为 DC。安全保持器信号处理过程如图 2-14 所示。

限能器由过流保护和过压保护等几部分构成，图 2-15 为限能器的工作示意图。

过流保护：V_{17} 在放大区时，$I_{c17}=\beta I_{b17}$，$I_{c17}=I_i$ 随 I_{b17} 的变化而变化，$I_i\uparrow\rightarrow I_i\times$

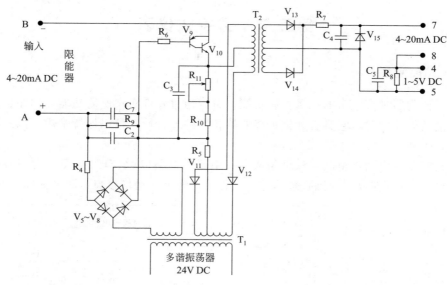

图 2-13 调制式直流放大器结构图

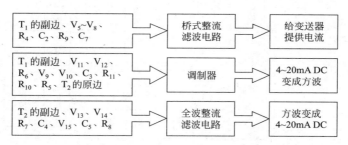

图 2-14 安全保持器信号处理示意图

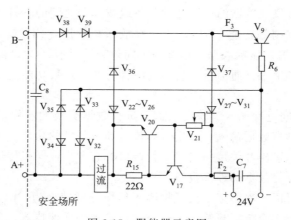

图 2-15 限能器示意图

R_{15} ↑ → V_{20} 导通后 → I_{c20} ↑ → I_{b17} ↓ → $I_{c17} = I_i$ ↓，该负反馈过程使 I_i 得到限制，不能过大。

过压保护：供电电压 $U_{C7} \geqslant 30\text{V}$，$V_{27} \sim V_{31}$ 在高压作用下反向击穿导通，V_{37} 也处于导通状态，使电压稳定在某一个值上，限制 U_{C7} 的变化。若 U_{C7} 再高，则 F_2、F_3 熔断，把 U_{C7} 和现场切断，防止大电压窜入危险场所。

第二节 数字式仪表

一、数字式控制器

数字式控制器具有丰富的运算控制功能，可以通过软件实现所需功能，比如自诊断功能与数字通信功能；同时，它具有和模拟控制器相同的外特性，可以保持常规模拟式控制器的操作方式。

数字式控制器由硬件电路与软件组成，其中硬件电路以微处理器 CPU 为核心，包括过程输入通道、主机电路、人/机联系部件、过程输出通道、通信接口电路，如图 2-16 所示。

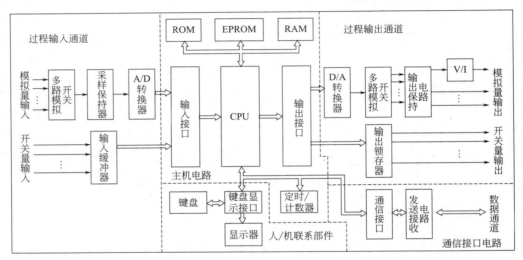

图 2-16　数字式控制器的硬件电路

主机电路用于实现仪表数据的运算处理与各组成部分之间的管理。CPU 具有数据传递、算术逻辑运算、转移控制等功能，ROM 用于存放系统程序，EPROM 用于存放用户程序，RAM 用于存放输入数据、显示数据、运算的中间值和结果值。CTC 的定时功能用来确定控制器的采样周期，并产生串行通信接口所需的时钟脉冲；计数功能主要用来对外部事件进行计数。

I/O 接口是 CPU 同过程输入、输出通道等进行数据交换的器件，它有并行接口和串行接口两种。并行接口具有数据输入、输出双向传送和位传送的功能，用来连接过程输入、输出通道，或直接输入、输出开关量信号。串行接口具有异步或同步传送串行数据的功能，用来连接可接收或发送串行数据的外部设备。

模拟量输入通道可以依次将多个模拟量输入信号分别转换为 CPU 接受的数字量。紧随其后的多路模拟开关将多个模拟量输入信号分别连接到采样保持器。采样保持器具有暂时存储模拟输入信号的作用，后接 A/D 转换器，将模拟信号转换为相应的数字信号（利用 D/A 转换器与电压比较器，按逐位比较原理实现）。

开关量输入通道可以将多个开关输入信号转换成能被计算机识别的数字信号。开关量指的是在控制系统中电接点的通与断，或者逻辑电平为"1"与"0"这类两种状态的信号。开关量输入通道常采用光电耦合器件作为输入电路来进行隔离传输。

　　模拟量输出通道可以依次将多个运算处理后的数字信号进行数/模转换，并输出相应的模拟信号。其中D/A转换器起数/模转换作用。V/I转换器将1～5V的模拟电压信号转换成4～20mA的电流信号。

　　开关量输出通道可以通过输出锁存器输出开关量（包括数字、脉冲量）信号，以便控制继电器触点和无触点开关的接通与释放，也可控制步进电机的运转。开关量输出通道采用光电耦合器件作为输出电路来进行隔离传输。

　　人/机联系部件包括正面板测量值和给定值显示器，输出电流显示器，运行状态（自动/串级/手动）切换按钮，给定值增/减按钮和手动操作按钮，以及一些状态显示灯。另外，侧面板还有设置和指示各种参数的键盘、显示器。

　　通信接口电路可以将欲发送的数据转换成标准通信格式的数字信号，经发送电路送至通信线路（数据通道）上；同时通过接收电路接收来自通信线路的数字信号，将其转换成能被计算机接受的数据。通信接口有并行和串行两种：并行传送是以位并行、字节串行形式传送；串行传送为串行形式，即一次传送一位，连续传送。

　　数字式控制器的软件分为系统程序和用户程序两大部分。系统程序是控制器软件的主体部分，通常由监控程序和功能模块两部分组成。监控程序使控制器各硬件电路能正常工作并实现规定的功能，同时负责各组成部分之间的管理。其主要功能有：系统初始化、中断管理、自诊断处理、键处理、定时处理、通信处理、掉电处理、运行状态控制。功能模块提供了各种功能，用户可以选择需要的功能模块以构成用户程序，使控制器实现用户需求的功能。控制器提供的功能模块主要有：数据传送、高值选择和低值选择、PID运算、上限幅和下限幅、四则运算、折线逼近法函数运算、逻辑运算、一阶惯性滞后处理、开平方运算、纯滞后处理、取绝对值运算、移动平均值运算、脉冲输入计数与控制方式切换。

　　用户程序是用户根据控制系统要求，在系统程序中选择所需要的功能模块，并将它们按一定的规则连接起来的结果。其作用是使控制器完成预定的控制与运算功能。用户编制程序实际上是完成功能模块的连接，即组态工作。用户程序的编写通常采用面向过程语言（Procedure-oriented language，POL）。控制器的编程工作是通过专用的编程器进行的，有"在线"和"离线"两种编程方法，在线时编程器与控制器通过总线连接共用一个CPU，离线时编程器自带一个CPU构成一台独立的仪表。

　　以数字控制器为核心的数字式仪表本质为离散控制系统。在系统中有一处或多处为离散信号的系统称为离散系统。在离散时间上的信号称离散信号，离散信号以脉冲或数码的形式呈现。典型的计算机控制系统即为离散系统的一种。其原理如图2-17所示。

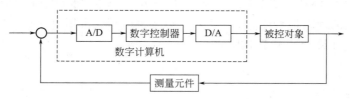

图2-17　计算机控制系统典型原理图

离散控制系统具有以下特点：

① 校正装置效果比连续式校正装置好，且由软件实现的控制规律易于改变，控制灵活。

② 采样信号，特别是数字信号的传递能有效地抑制噪声，从而提高系统抗干扰能力。

③ 可用一台计算机分时控制若干个系统，提高设备利用率。

④ 可实现复杂控制规律，且可以在运行中实时改变响应参数。

以下将以离散系统的数字 PID 算法为例来说明离散控制的实现过程。

基本的模拟 PID 公式为

$$u(t) = K_P\left[e(t) + \frac{1}{T_I}\int_0^t e(t)\,\mathrm{d}t + T_D\frac{\mathrm{d}e(t)}{\mathrm{d}t}\right] + u_0 \tag{2-1}$$

式 (2-1) 中，K_P、T_I、T_D 分别为模拟调节器的比例增益、积分时间和微分时间；u_0 为偏差 $e=0$ 时的调节器输出，又称为稳态工作点。采样周期与控制周期是数字 PID 中重要的概念。采样周期常指在周期性的采样系统中，对一模拟量进行采样时，两次采样之间的时间间隔。

以下为模拟 PID 调节规律的离散化推导：

在控制器的采样时刻 $t=kT$ 时

$$\int e\,\mathrm{d}t \approx \sum_{j=0}^k Te(j) \tag{2-2}$$

$$\frac{\mathrm{d}e}{\mathrm{d}t} \approx \frac{e(k) - e(k-1)}{T} \tag{2-3}$$

因此，PID 的数字算式为

$$u(k) = K_P\left\{e(k) + \frac{T}{T_I}\sum_{j=0}^k e(j) + \frac{T_D}{T}\left[e(k) - e(k-1)\right]\right\} + u_0 \tag{2-4}$$

数字 PID 又可写成

$$u(k) = K_P e(k) + K_i\sum_{j=0}^k e(j) + K_d\left[e(k) - e(k-1)\right] + u_0 \tag{2-5}$$

上面两个算式又称为 PID 位置算式，其中 $K_i = K_P T/T_I$ 称为积分系数，$K_d = K_P T_D/T$ 称为微分系数。

PID 位置算式的问题是由于积分项 $\sum^k e(i)$ 的存在而产生的。因此可以利用 PID 增量算式，由 $\Delta u(k) = u(k) - u(k-1)$ 可得

$$\Delta u(k) = K_P\left\{\left[e(k) - e(k-1)\right] + \frac{T}{T_I}e(k) + \frac{T_D}{T}\left[e(k) - 2e(k-1) + e(k-2)\right]\right\} \tag{2-6}$$

PID 增量算式的另一种形式：

$$\Delta u(k) = K_P\left[e(k) - e(k-1)\right] + K_i e(k) + K_d\left[e(k) - 2e(k-1) + e(k-2)\right] \tag{2-7}$$

增量 PID 算法的优点是编程简单、数据可以递推使用、占用内存少、运算快。增量 PID 算法在 k 采样时刻计算机的实际输出控制量为

$$u(k) = u(k-1) + \Delta u(k) \tag{2-8}$$

二、SLPC 调节器

SLPC 可编程控制器是一种有代表性的、功能较为齐全的可编程控制器，它具有基本 PID、串级、选择、非线性、采样 PI、批量 PID 等控制功能，并具有自整定功能，可使 PID 参数实现最佳整定。用户只需使用简单的编程语言，即可编制各种控制与运算程序，使控制器具有规定的控制运算功能。

SLPC 还具有通信功能，可与上位计算机构成集散型控制系统；具有可变型给定值平滑功能，能够改善给定值变更的响应特性；具有自诊断功能，在输入输出信号、运算控制回路、备用电池及通信出现异常情况时，能够进行故障显示并进行故障处理。

（一）SLPC 调节器的构成

其构成包括正面板和侧面板，正面板如图 2-18 所示。

在单回路系统中，给定信号分为内给定和外给定，如图 2-19，若是外给定，手操器滑块要放在"C"上。

在串级系统中，如图 2-20 所示，副调节器的给定信号来自主调节器，属于外给定，手操器滑块要放在"C"上。注意，凡是外给定，手操器滑块均要放在"C"上。

图 2-18　正面板图

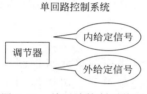

图 2-19　单回路控制系统图

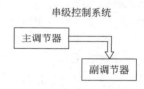

图 2-20　串级控制系统图

如图 2-21 所示为侧面板（调整板）示意图。

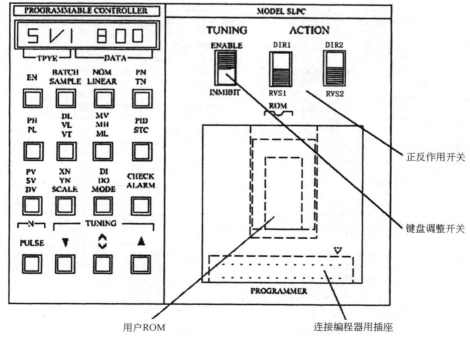

图 2-21　侧面板示意图

侧面板各部分说明如下：

① 键盘调整开关：为了防止误操作而设置的开关。当开关置于禁止（INHIBIT）时，键盘不能操作。当开关置于允许（ENABLE）时，键盘可以操作。

② 正反作用开关：确定调节器的正（DIR）反（RVS）作用。正反作用开关有两个，因为内部构造相当于二台调节器。

③ ROM 插座：用于安装 EPROM。当卡爪在"ON"位置时，ROM 被固定；当爪卡在"OFF"位置时，ROM 可脱落。

④ 连接编程器的插座：用于连接编程器和调节器。

（二）SLPC 调节器的主要功能

1. 指示、给定、操作功能

PV、SV、MV 的指示功能通过动圈型指示表实现。给定功能分为内给定和外给定，内给定是由给定值调整按键给出 1～5V 的给定信号；外给定是由外来信号或运算给出 1～5V 的给定信号。操作功能包括运行方式切换以及手动操作，运行方式切换由运行方式切换开关 A-M-C 或用户程序来完成，均为无平衡无扰动切换（不涉及硬手动操作）；手动操作由手动操作杆完成，有快速手操和慢速手操。

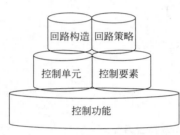

图 2-22 控制功能层次图

2. 控制功能

控制功能通过组建控制单元来控制要素实现。控制单元包含三类：基本控制单元、串级控制单元、并联控制单元。每一个控制单元具体布设都有其特定的回路构造与回路策略，图 2-22 为控制功能层次图，图 2-23 为控制单元分解示意图，图 2-24 为控制要素参数示意图。

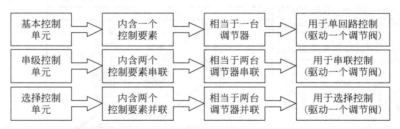

图 2-23 控制单元分解示意图

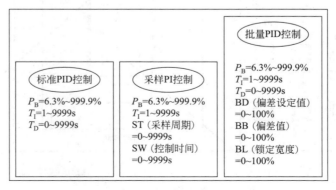

图 2-24 控制要素参数示意图

控制功能还兼有其他功能，包含 PV 上/下限报警、偏差报警、变化率报警、给定值输出、输入补偿、输出补偿、可变增益、输出跟踪和输出限幅。

3. 运算功能

包括基本运算、带设备编号的运算、条件判断和寄存器位移。

4. 程序功能

（1）编程能力

主程序——99 步；子程序——99 步，最多可有 30 个子程序。

（2）程序设计

设备——编程器 SPRG；语言——POL 语言；低速扫描（周期为 0.2s），最多执行 240 步；高速扫描（周期为 0.1s），最多执行 66 步。

5. 通信功能

（1）SLPC 调节器和 SCMS 运算站的通信如图 2-25 所示。

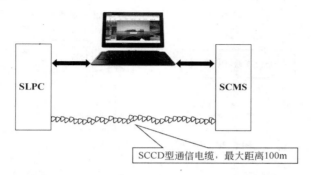

SCCD型通信电缆，最大距离100m

图 2-25　SLPC 调节器和 SCMS 运算站的通信示意图

发送数据：数值数据 15 个，状态数据 15 个。接收数据：数值数据 15 个，状态数据 15 个。

（2）与上位机的通信

如图 2-26 所示为 SLPC 与上位机通信示意图，通信内容包括测量值（仅监视）、给定值、输出值、运行方式、输出限幅值、PID 参数、可变参数、模拟量数据（仅监视 3 个）、允许或禁止上位机设定数据。

DDC 方式/SPC 方式由上位机选择指定。DDC 方式由上位机直接输出信号，SPC 方式由上位机设定给定值。

上位机故障时，可指定 SLPC 的后备运行方式：自动方式/手动方式备用。

6. 停电处理功能

（1）启动方式

启动方式包括热启动和冷启动。热启动——从停电前的状态开始运行，即按停电前的给定值、输出值和运行方式继续工作。冷启动——以手操的方式，从输出下限值开始运行，即从头开始，调节器转入手动操作，输出从 4mA 开始重新启动。

（2）方式选择

根据停电时间来确定方式。停电时间≤2s，采用热启动；停电时间＞2s，采用热启动或冷启动。

（3）停电期间数据保护

RAM 中的数据用备用电池保护。

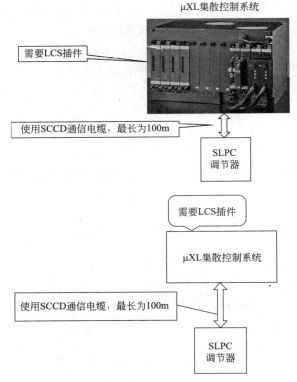

图 2-26　SLPC 与上位机通信示意图

7. 自诊断功能

该功能可以诊断运算控制回路异常、I/O 信号异常运算溢出、备用电池异常以及通信异常等状况的原因。检查异常原因的方法：在 SLPC 调节器的侧面盘上，按 CHECK/ALARM 键，查找出错原因代码，根据代码查手册找到异常原因。

（三）SLPC 调节器组成

在微型计算机中，常常把运算器和控制器做在一个或几个芯片上，构成微处理器 CPU。除此之，微处理器还包括存储器、总线、输入输出设备及接口等组件。如图 2-27 为微处理器 CPU 组成示意图。

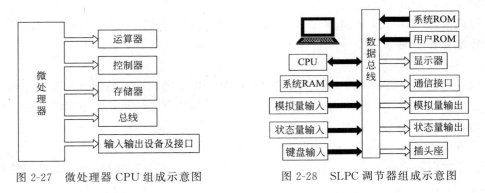

图 2-27　微处理器 CPU 组成示意图　　　　图 2-28　SLPC 调节器组成示意图

SLPC 调节器结构类似于微型计算机的结构，如图 2-28 为 SLPC 调节器组成示意图，除微型计算机的组件之外，SLPC 调节器还包括模拟量输入、模拟量输出、状态量输入、状态量输出等模块。

（四）SLPC 原理电路

SLPC 调节器原理电路图如图 2-29 所示，表 2-2 所示为 SLPC 调节器组成。

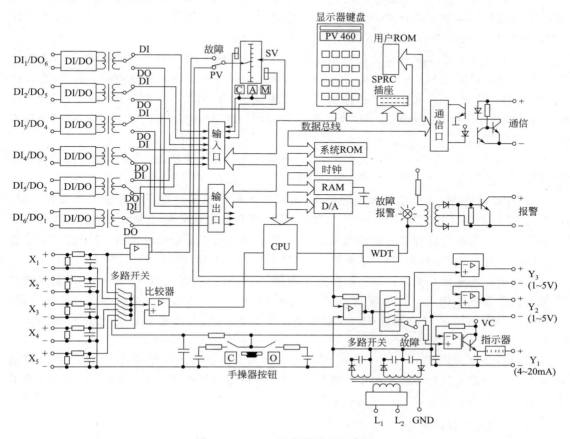

图 2-29　SLPC 调节器原理电路图

表 2-2　SLPC 调节器组成

元器件	指标	功能
CPU	8085AHC,时钟频率＝10MHz	接收输入的指令,完成数据传送、输入输出、运算处理、逻辑判断等功能
系统 ROM	27256 型 EPROM,32kB	存放系统管理程序及各种运算子程序
用户 ROM	2716 型 EPROM,2kB	存放用户编制的程序
RAM	PD4464C 低功耗 CMOS 随机存储器,8k	存放现场设定数据和中间计算结果
D/A	PC648D 型 12 位高速 D/A	数模转换
A/D	D/A 转换器＋软件编程＝12 位逐位比较式 A/D（通过 CPU 反馈编码）	模数转换
显示器	8 位 16 段码显示器	显示设定参数的种类及数值
键盘	16 个键的键盘	改变设定参数的种类及数值
键盘/显示器接口	8279 集成电路芯片	CPU 和键盘、显示器的连接
通信接口	8251 型通信接口	双向数据通信,为防止通信线路引入干扰,利用光电耦合器与调节器相连

模拟量输入通道有 $X_1 \sim X_5$，信号电压范围 $1 \sim 5V$ DC。模拟量输出通道有 $Y_1 \sim Y_6$，其中 $Y_1 = 4 \sim 20mA$，Y_2、$Y_3 = 1 \sim 5V$ DC，$Y_4 = PV$，$Y_5 = SV$，$Y_6 =$ 辅助信号。

考察 $X_1 \text{—} Y_1$ 这条信号通道。信号通过 X_1 进入调节器之后，经过阻容滤波分成 3 条支路：$X_1 \to$ 阻抗隔离放大器 $\to$ 故障开关；$X_1 \to$ 多路开关 $\to R \to$ 故障开关；$X_1 \to$ 多路开关 $\to$ 比较器 $\to$ CPU $\to$ D/A $\to$ V/I $\to$ 多路开关 $\to$ V/I $\to$ 指示器 $\to Y_1$ 输出。

输出信号指示器的输入端设有切换开关，正常时接收 CPU、D/A、多路开关送来的正常信号，故障时接收 WDT 或 CPU 自检程序送来的故障信号。在发生故障时，将 X_1 直接送到 PV 的指针上进行指示，以保证输出信号仍能根据 PV 的指示，继续进行手动控制。同时，Y_1 切换成保持状态，通过手动操作杆，可以增加或减小输出信号的大小，对生产过程进行手动控制。

使用 SLPC 调节器时，故障状态下 X_1 具有显示 PV 大小的功能，Y_1 具有进行手动操作的功能。一般情况下模拟量输入接在 X_1，模拟量输出接在 Y_1。

当 CPU 故障时，PV 指针代表的是 X_1 的原始数据，当用户程序中有输入处理程序时，可能与 CPU 正常工作时的读数不同。例如，调节器对流量信号的控制，从 X_1 输入的只是差压信号，只有将它进行开方处理之后，才能获得真正的流量信号。因此，CPU 正常工作时，PV 指针代表流量信号；CPU 故障时，PV 指针代表差压信号。

状态量输入通道有 6 个，通过高频变压器隔离，经过 8D 触发器（74LS375 型集电极开路型）与数据总线相连。其原理是根据 CPU 的指令，先将外部输入状态读入 8D 触发器，需要时，再利用输出控制脉冲把 8D 触发器的输出与数据总线相连，就把输入状态读入了 CPU。

状态量输出通道有 6 个，通过高频变压器隔离。经过 8D 触发器（74LS273 型，带清零）与总线相连。其原理是在每个控制周期，CPU 将输出状态读入 8D 触发器，由它锁存并控制着输出状态开关的通断，决定状态量输出与否。

（五）运算控制原理

运算控制原理主要包含控制算法与数据类型两方面知识。

表 2-3 为调节器的控制算法示例。

表 2-3　调节器控制算法示例

模拟式调节器(ICE)	数字式调节器(SLPC)
1. 输入偏差信号	1. LD X1
2. 对偏差信号进行 PID 运算	2. BSC
3. PID 运算结果输出	3. ST Y1
4. 结束	4. END

调节器中算法依靠图 2-30 中的 5 个运算寄存器 $S_1 \sim S_5$ 实现。$S_1 \sim S_5$ 存储的信息分别是 A、B、C、D、E。算法实现步骤如下：

① LD　X1：X_1 中的信息读到 S_1 中，各运算寄存器的信息依次下推，S_5 中原来的信息消失。

② BSC：对 S_1 的信息进行 PID 运算，运算结果仍旧存在 S_1 中，$S_2 \sim S_5$ 的内容不变。

③ ST Y1：S_1 中的信息送到 Y_1 中，$S_1 \sim S_5$ 的内容不变。

④ END：Y_1 中的信息转移出程序，$S_1 \sim S_5$ 的内容不变。

算法的实现过程：$S_1 \sim S_5$ 采用堆栈结构，先压入的数据后弹出。压入时 S_5 中的内容消失，弹出时各寄存器的内容依次上升，而 S_5 中的内容则保持原数据不变。如 $Y = X_1 + X_2$。

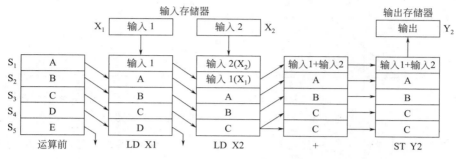

图 2-30　算法实现过程示意图

运算中涉及的较为典型的数据类型主要是 CPU 数据类型。CPU 数据类型的一个字节数据的大小为 8bit，CPU 在一个时钟的前沿或后沿处理一个字节；CPU 的外部数据总线为 8bit，一次传输一个字节（8bit）的信息；CPU 的内部数据总线为 16bit。图 2-31 为数据运算示例。

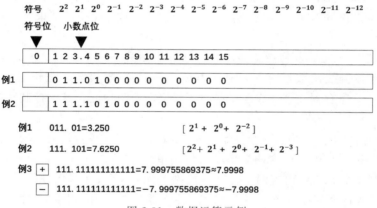

图 2-31　数据运算示例

运算过程中，若产生小数点第 12bit 以下的二进制数据，则将第 13bit 按照 1 入 0 舍原则处理。运算精度：$2^{-12} \approx 0.00024$。输入输出信号和内部数据的关系如表 2-4 和图 2-32 所示。

表 2-4　输入输出信号和内部数据关系表

输入信号	内部数据	输出信号
1～5V	0～1	1～5V/4～20mA

需要注意的是，SLPC 调节器的外部信号必须在 $+7.999 \sim -7.999$ 之间，SLPC 调节器的内部信号必须在 0～1 之间。

（六）运算指令

SLPC 软件部分包括系统程序和功能模块。系统程序用于保证整个控制器正常运行，这

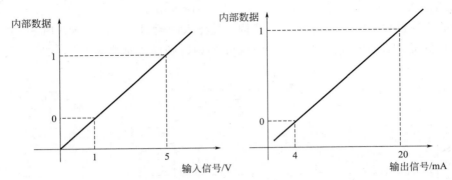

图 2-32　输入输出信号和内部数据的关系图

部分用户是不能调用的；功能模块提供了各种功能，用户可以根据需要选用，以构成用户程序，功能模块以指令形式提供。指令可以对各种寄存器进行操作。寄存器实际上是对应于随机读写存储器 RAM 中各个不同的存储单元，只是为了使用和表示方便，才特地定义了不同的名称和符号。指令都与五个运算寄存器 $S_1 \sim S_5$ 有关。这五个运算寄存器以堆栈方式构成。

指令有 4 种类型，分别是：

① 信号读取指令 LD——用于把输入或输出等数据存入 S_1。

② 信号存储指令 ST——用于把 S_1 中的数据存入有关寄存器。

③ 程序结束指令 END——将控制无条件地转移出用户程序，结束本控制周期内的一切运算。

④ 功能指令——完成各种指定功能，包括基本运算——＋、－、×、÷ 等，带设备编号的运算——十段折线函数运算等，条件判断—— 上下限报警、逻辑运算、转移跳转等，寄存器移位—— S 寄存器交换、S 寄存器循环移位，控制功能。其中控制功能包括三个基本指令—— BSC、CSC、SSC：

a. 基本控制指令 BSC：内含一个控制单元 CNT_1，相当于模拟仪表中的一台 PID 控制器。

b. 串级控制指令 CSC：内含两个串联的控制单元 CNT_1、CNT_2，可组成串级控制系统。

c. 选择控制指令 SSC：内含两个并联的控制单元 CNT_1、CNT_2 和一个单刀三掷切换开关 CNT_3，可组成选择控制系统。每台 SLPC 控制器只能选用其中的一种，且同一应用程序中只能使用一次。图 2-33 所示为 SLPC 控制器控制功能示意图。

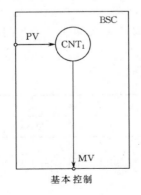
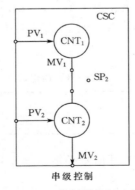
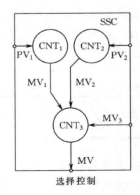

图 2-33　SLPC 控制器控制功能示意图

被控变量接到模拟量输入通道 X_1，实现单回路 PID 控制的程序如下：

```
LD X1            //读入测量值 X₁
BSC              //基本控制
ST Y1            //控制输出 MV 送 Y₁
END
```

BSC 指令的主要作用是把运算寄存器 S_1 里的数据与设定值相减，得到偏差，再经过由 CNT_1 决定的控制算法运算后，把结果再存入 S_1。

（七）SPRG 编程器

如图 2-34 所示，SPRG 没有 CPU，借用 SLPC 的 CPU 作为 SLPC 调节器的外设。ROM2 用来存系统程序，RAM2 用来存用户程序。SPRG 编程器功能有：

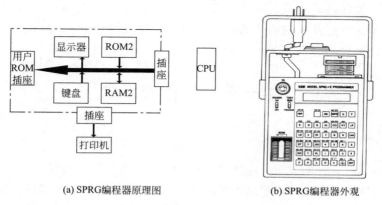

(a) SPRG编程器原理图　　　　(b) SPRG编程器外观

图 2-34　SPRG 编程器示意图

① 编制用户程序（MPR、SPR、SBP）：MPR，输入或读取主程序；SPR，输入或读取仿真程序；SBP，子程序输入或读取。

② 对用户程序进行测试运行。

③ 读出 SLPC 中原有的程序并进行修改，打印程序、参数、寄存器状态、显示类型等。

＜ 思考题与习题 ＞

1. 什么是无平衡无扰动切换？ICE 控制器从自动状态切换到硬手动状态是属于无平衡无扰动切换吗？

2. 什么是安全火花和安全火花防爆系统？

3. 齐纳式安全栅电路中采用（　　　）、（　　　）或（　　　）以对输入的电能量进行限制，从而保证输出到危险区的能量在安全范围内。

4. ISB 安全保持器采取哪些措施使其具有安全火花防爆性能？

5. ISB 安全保持器的限制器如何实现过压保护和过流保护？

6. 说明数字式调节器的基本组成。调节器的硬件和软件各包括哪些部分？它如何让用户实现所需要的功能？

7. SLPC 可编程调节器如何保证出故障时调节器仍能起控制作用？在使用中应注意什么？

8. 什么是 SLPC 可编程调节器的功能模块？SLPC 主要有哪些功能模块？

第三章 执行器

本章介绍了执行器的构成、分类、作用方式等；介绍了电动调节阀的特点和构成原理；对于流程工业中广泛采用的气动调节阀进行了重点讲解，主要内容包括阀体部件的特性分析、执行机构的特性分析、气动调节阀的选择和阀门定位器。

第一节　执行器概述

一、执行器的构成

执行器包括阀门——调节阀（连续的）与开关阀（过程控制范畴）、电机——连续的与开关的（属于流体机械的范畴，起执行器的作用），执行器通常专指阀门。执行器在自控系统中的作用是接收调节器（计算机）输出的控制信号，使阀门的开度产生相应变化，从而达到调节操作变量流量的目的。

执行器是控制系统必不可少的环节。执行器工作、使用条件恶劣，它是控制系统最薄弱的环节，原因是执行器与介质（操作变量）直接接触，而介质一般具有强腐蚀性、高黏度、易结晶、高温、深冷、高压、高差压等特点。

执行器一般由执行机构和控制（调节）机构两个部分构成，执行器的构成示意图如图3-1所示。

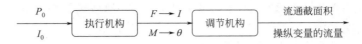

图 3-1　执行器的构成示意图

执行器的辅助装置包括阀门定位器和手动操作机构。调节系统四个基本组成部分是调节对象、检测仪表、调节器、执行器。

执行机构根据控制信号产生推力，是执行器的推动装置，它按控制信号的大小产生相应的推力，推动控制机构动作，所以它是将信号的大小转换为阀杆位移的装置。

控制（调节）机构根据推力产生位移或转角，改变开度。它是执行器的控制部分，直接与被控介质接触，控制流体的流量。所以它是将阀杆的位移转换为流过阀的流量的装置。

手操机构中的手轮机构的作用是，当控制系统停电、停气、控制器无输出或执行机构失灵时，利用它可以直接操纵控制阀，以维持生产的正常进行。

二、执行器的分类

执行器按使用的能源形式可以分为气动执行器（气动阀）、电动执行器（电动阀）和液动执行器（在过程控制领域应用很少）。按阀门的输出形式可以分为连续式（0～100％）和开关式（ON/OFF）两种形式。

电动调节阀采用电动执行机构，它的优点是动作较快、能源获取方便，特别适于远距离的信号传送；缺点是输出力较小、价格贵，且一般只适用于防爆要求不高的场合。

气动调节阀采用气动执行机构，它采用电/气转换器或电/气阀门定位器，使传送信号为电信号，现场操作为气动信号。它的优点是结构简单、动作可靠稳定、输出力大、安装维修方便、价格便宜和防火防爆；缺点是响应慢，信号不适于远距离传送。

三、气动、电动、液动执行器的对比

大多数工控场合所用执行器都是气动执行机构，因为用气源做动力，相较之下比电动和液动要经济实惠，且结构简单，易于掌握和维护。从维护角度来看，气动执行机构比其它类型的执行机构易于操作和校定，在现场也可以很容易地实现正反左右的互换。它最大的优点是安全，当使用定位器时，对于易燃易爆环境是理想的，而电信号如果不是防爆的或本质安全的，则有潜在的因打火而引发火灾的危险。所以，虽然现在电动调节阀应用范围越来越广，但是在化工领域，气动调节阀还是占据着绝对的优势。气动执行机构的主要缺点是响应较慢、控制精度欠佳、抗偏离能力较差，这是因为气体的可压缩性，尤其是使用大的气动执行机构时，空气填满气缸和排空需要时间。但这应该不成问题，因为许多工况中不要求高度的控制精度、极快速的响应以及较强的抗偏离能力。

电动执行机构主要应用于动力厂或核动力厂。电动执行机构的主要优点就是高度的稳定性和用户可应用的恒定的推力。电动执行器产生的推力可高达 $225 \times 10^3 \mathrm{kgf}$[❶]，液动执行器同样能达到这么大推力，但造价要比电动执行器高很多。电动执行器的抗偏离能力是很好的，输出的推力或力矩基本上是恒定的，可以很好地克服介质的不平衡力，达到对工艺参数的准确控制，所以控制精度比气动执行器要高。如果配用伺服放大器，可以很容易地实现正反作用的转换，也可以轻松设定断信号阀位状态（保持/全开/全关），而故障时，一定停留在原位，这是气动执行器做不到的，气动执行器必须借助于一套组合保护系统来实现保位。电动执行机构的缺点主要是结构较复杂，更容易发生故障，且由于它的复杂性，对现场维护人员的技术要求就相对要高一些；电机运行要产生热，如果调节太频繁，容易造成电机过热，产生热保护，同时也会加大减速齿轮的磨损；另外就是运行较慢，从调节器输出一个信号，到调节阀响应而运动到相应的位置，需要较长的时间，这是它不如气动、液动执行器的地方。

当需要较强的抗偏离能力、高的推力以及快的行程速度时，往往选用液动或电液执行机构。由于液体的不可压缩性，液动执行器具有较强的抗偏离能力，这对于调节工况是很重要的，因为当调节元件接近阀座时，节流工况是不稳定的，压差越大，这种情况越严重。另外，液动执行机构运行起来非常平稳、响应快，所以能实现高精度的控制。电液执行机构是将电

---

❶ 1kgf＝9.80665N

机、油泵、电液伺服阀集成于一体，只要接入电源和控制信号即可工作。液动执行器和气缸相近，只是能比气缸承受更高的压力，它在工作时需要外部的液压系统，工厂中需要配备液压站和输油管路，相比之下，还是电动执行器更方便一些。液动执行机构的主要缺点就是造价昂贵、体积庞大笨重、特别复杂和需要专门工程，所以多用在诸如电厂、石化等比较特殊的场合。

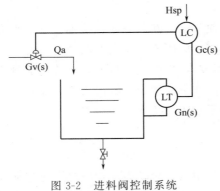

图 3-2　进料阀控制系统

四、执行器的作用方式

执行器一般从安全生产的角度来确定正反作用。正作用是当输入信号增大时，执行器的开度增大，即流过执行器的流量增大，此时气动调节阀通常称为气开阀；反作用是当输入信号增大时，流过执行器的流量减小，此时气动调节阀通常称为气关阀。

如图 3-2 所示进料阀控制系统，如果介质是有强腐蚀性的，在生产过程中不允许溢出，则调节阀的作用形式应该为气开阀；如果后面的环节不允许没有物料，则调节阀的作用形式应该为气关阀。

第二节　电动调节阀

一、电动调节阀的特点

电动调节阀是工业自动化过程控制中的重要执行单元仪表。随着工业领域的自动化程度越来越高，电动调节阀正被越来越多地应用在各种工业生产领域中。与传统的气动调节阀相比，电动调节阀具有明显的优点：节能（只在工作时才消耗电能）、环保（无碳排放）、安装快捷方便（无需复杂的气动管路和气泵工作站）。电动调节阀一般包括驱动器，通过接收驱动器信号（0～10V 或 4～20mA）来控制阀门进行调节，也可根据控制需要，组成智能化网络控制系统，优化控制，实现远程监控。

二、电动调节阀的构成原理

电动调节阀的构成如图 3-3 所示。

（一）伺服电机

伺服电机的作用是将伺服放大器输出的电功率转换成机械转矩。伺服电机实际上是一个二相电容异步电机，由一个用冲槽硅钢片叠成的定子和鼠笼式转子组成，定子上均匀分布着两个匝数、线径相同而相隔 90°角度的定子绕组 W_1 和 W_2。伺服电机的状态有三种：正转、反转和停止不转。

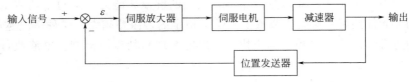

图 3-3　电动调节阀的构成原理

（二）伺服放大器

伺服放大器的作用是将输入信号和反馈信号进行比较，得到差值信号，根据差值信号的极性和大小，控制可控硅交流开关Ⅰ、Ⅱ的导通或截止，可控硅交流开关Ⅰ、Ⅱ用来接通伺服电机的电源。如图3-4所示为伺服放大器工作原理示意图。

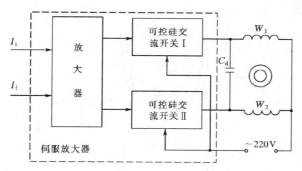

图 3-4　伺服放大器工作原理

图中放大器的作用是将输入信号 I_i 和反馈信号 I_f 进行比较，得到差值信号，并根据信号的极性和大小，控制可控硅交流开关Ⅰ、Ⅱ的导通或截止。在执行机构工作时，可控硅交流开关Ⅰ、Ⅱ只能其中一组导通。

① 可控硅交流开关Ⅰ导通时，分相电容 C_d 与 W_2 串接，由于 C_d 的作用，W_1 和 W_2 的电流相位总是相差 $90°$，其合成向量产生定子旋转磁场，定子旋转磁场又在转子内产生感应电流并构成转子磁场，两个磁场相互作用使转子顺时针方向旋转（正转）；

② 可控硅交流开关Ⅱ导通时，使转子逆时针方向旋转（反转）；

③ 可控硅交流开关Ⅰ、Ⅱ均截止时，伺服电机停止运转。

（三）位置发送器

位置发送器的作用是将电动执行机构输出轴的位移线性地转换成反馈信号，反馈到伺服放大器的输入端。位置发送器包括：位移检测元件和转换电路、差动变压器、塑料薄膜电位器、位移传感器等。

（四）减速器

减速器的作用是将伺服电机高转速、小力矩的输出功率转换成执行机构输出轴的低转速、大力矩的输出功率，以推动调节机构。减速器一般由机械齿轮或齿轮与带轮构成。

第三节　气动调节阀

一、概述

气动调节阀是由气动执行机构和阀体部件组成，如图3-5所示。

图3-6所示为气动调节阀的内部结构示意图。气动调节阀的用途是接收气压信号，控制介质流量的变化。气动调节阀除了执行机构和阀体部件之外，还可以配备气动阀门定位器/电气阀门定位器、手轮机构、连锁装置等，如图3-7气动调节阀装置实物图所示。

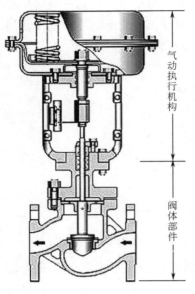

图 3-5　气动调节阀构成示意图

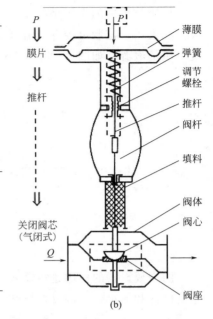

(a)　　　　　　　　(b)

图 3-6　气动调节阀内部结构

图 3-7　气动调节阀装置实物图

图 3-8　膜片式执行器结构

（一）执行机构的种类及作用

1. 膜片式

膜片式执行器结构如图 3-8 所示。

膜片式执行器正反作用的定义为，气压信号增加，阀杆向下移动为正作用；气压信号增加，阀杆向上移动为反作用。图 3-9 为正反作用示意图。

膜片式执行器的输出特性为比例特性，输入气压信号增加，输出位移也增加。

膜片式执行器适用于低压差、中压差、推力较小、行程（推杆的位移）较小的场合。

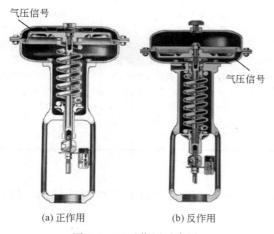

(a) 正作用　　(b) 反作用

图 3-9　正反作用示意图

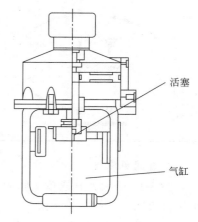

图 3-10　活塞式执行器结构

2. 活塞式

活塞式执行器结构如图 3-10 所示。

活塞式执行器的输出特性也为比例特性，即输入气压信号之差增加，输出位移增加。同时活塞式执行器也具有双位特性，即当输入气压信号增加时，输出位移或增加到最大值或减小到最小值。

活塞式执行器适用于高差压、推力较大、行程较大的场合。

（二）阀门部件的种类及作用

1. 直通双座阀

图 3-11 所示为直通双座阀的外形图和剖面图，表 3-1 所示为直通双座阀的结构、特点和适用场合说明。

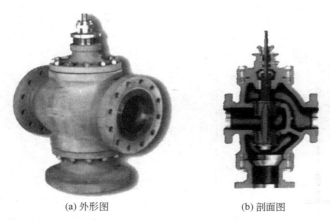

(a) 外形图　　(b) 剖面图

图 3-11　直通双座阀结构示意图

表 3-1　直通双座阀结构、特点和适用场合

结构	特点	适用场合
	流量系数大； 可调范围大； 关闭时，泄漏量大； 阀座可以上下倒置，阀芯可以正反安装； 不平衡力小，需要的执行机构输出力小	阀两端压差大、 允许泄漏量大的场合， 介质为非高黏度、 不含悬浮物、 不含颗粒状物体

2. 直通单座阀

图 3-12 所示为直通单座阀的结构示意图，表 3-2 所示为直通单座阀的结构、特点和适用场合说明。

图 3-12　直通单座阀结构示意图

表 3-2　直通单座阀结构、特点和适用场合

结构	特点	适用场合
	流量系数小； 可调范围大； 关闭时，泄漏量小； 阀座可以上下倒置，阀芯可以正反安装； 不平衡力大，需要的执行机构输出力大	阀两端压差小、 允许泄漏量小的场合， 介质为非高黏度、 不含悬浮物、 不含颗粒状物体

3. 角型阀

图 3-13 所示为角型阀的结构示意图，表 3-3 所示为角型阀的结构、特点和适用场合说明。

图 3-13 角型阀结构示意图

表 3-3 角型阀结构、特点和适用场合

结构	特点	适用场合
	流量系数小； 可调范围大； 关闭时,泄漏量小； 阀芯只可正向安装； 不平衡力大,需要的执行机构输出力大； 沉淀性介质不易积存； 配管可以减少 90°弯头	介质为高黏度、含悬浮物或 含颗粒状物体, 角形连接的场合, 底进侧出/侧进底出

4. 蝶阀

图 3-14 所示为蝶阀的结构示意图，表 3-4 所示为蝶阀的结构、特点和适用场合说明。

图 3-14 蝶阀结构示意图

表 3-4　蝶阀结构、特点和适用场合

结构	特点	适用场合
	流量系数大； 可调范围大； 关闭时,泄漏量大； 弹性阀座决定阀座和阀芯的密闭性； 需要的执行机构输出力大； 沉淀性介质不易积存； 价格便宜,安装空间小	阀两端压差小, 介质可含悬浮物, 大口径、大流量场合

5. 偏心旋转阀

图 3-15 所示为偏心旋转阀的结构示意图，表 3-5 所示为偏心旋转阀的结构、特点和适用场合说明。

图 3-15　偏心旋转阀结构示意图

表 3-5　偏心旋转阀结构、特点和适用场合

结构	特点	适用场合
	流量系数大； 关闭时,泄漏量小； 柔臂决定阀座和阀芯的密闭性； 不平衡力小,需要的执行机构输出力小； 耐高温	介质为高黏度物体

6. 套筒阀

图 3-16 所示为套筒阀的结构示意图，表 3-6 所示为套筒阀的结构、特点和适用场合说明。

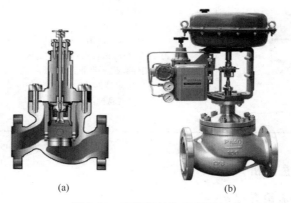

(a)   (b)

图 3-16 套筒阀结构示意图

表 3-6 套筒阀结构、特点和适用场合

结构	特点	适用场合
	流量系数可调； 可调范围大； 阀座不采用螺纹连接； 不平衡力小,需要的执行机构输出力小； 噪声小	阀两端压差大, 介质为非高温、非高黏度、 不含颗粒状物体

7. 隔膜阀

图 3-17 所示为隔膜阀的工作原理和结构示意图，表 3-7 所示为隔膜阀的结构、特点和适用场合说明。

(a) 隔膜阀工作原理   (b) 结构示意图

图 3-17 隔膜阀工作原理和结构示意图

表 3-7　隔膜阀结构、特点和适用场合

结构	特点	适用场合
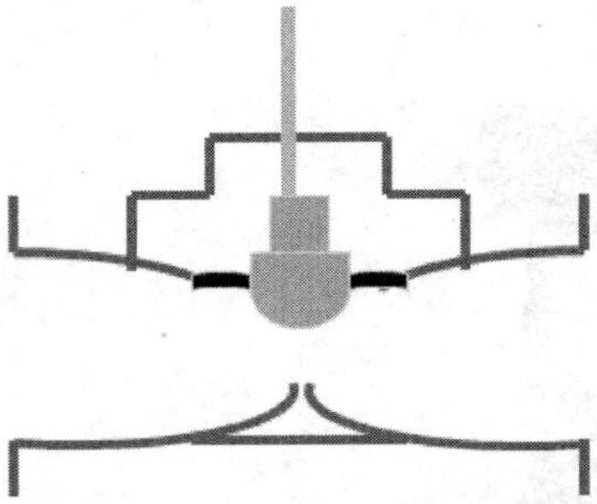 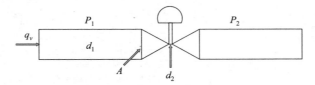	流量系数大； 可调范围小； 关闭时，无泄漏量； 不平衡力小，需要的执行机构输出力小； 沉淀性介质不易积存； 不耐高温； 抗腐蚀	阀两端压差小， 介质为高黏度、含悬浮物、 含颗粒状物体、含纤维物、 有毒、强腐蚀性等

二、阀体部件的特性分析

（一）阀体部件的流量方程 q_v

如图 3-18 所示，q_v 为通过阀体部件的流量，单位 cm^3/s；P_1 和 P_2 为阀体部件前和阀体部件后的压力，单位 0.1Pa；管道连接管段的截面积为 A，单位 cm^2；d_1 和 d_2 分别为管道直径和阀体部件的等效直径。根据伯努利方程（能量守恒定律）和连续性方程（质量守恒定律），可以得到阀体部件的流量方程为

图 3-18　阀体部件等效示意图

$$q_v = \frac{A\sqrt{\dfrac{2(P_1 - P_2)}{\rho}}}{\sqrt{\dfrac{d_1^4}{d_2^4} - 1}} \tag{3-1}$$

式（3-1）中 ρ 表示流过阀体部件流体的介质密度，单位 g/cm^3。令

$$\sqrt{\frac{d_1^4}{d_2^4} - 1} = \sqrt{\xi} \tag{3-2}$$

可以得到

$$q_v = \frac{A\sqrt{\dfrac{2\Delta P}{\rho}}}{\sqrt{\xi}} \tag{3-3}$$

式（3-3）中 ΔP 为阀体部件前后压差，ξ 为阻力系数。因此，通过式（3-3）可以看出 A、ΔP、ρ、d_1 均为常数时，d_2 上升或下降会导致 $\sqrt{\xi}$ 下降或导致 q_v 上升或下降。通过式（3-3）阀体部件的流量方程可以看出由于阀体部件通过阻力系统的变化进行通过阀体部件的流量调节。

（二）阀体部件的流量系数 C

式（3-3）所示的流量方程中，A 的单位为 cm^2，ΔP 单位为 $0.1Pa$（$10^{-5}N/cm^2$），ρ 单位为 g/cm^3（$10^{-5}N \cdot s^2/cm^4$），q_v 单位为 cm^3/s。倘若 A 和 ρ 的单位不变，ΔP 的单位改为 $10^2 kPa$（$10N/cm^2$，$1kPa=1000N/m^2$），q_v 的单位改为 m^3/h，则式（3-3）流量方程可以改为

$$q_v = \frac{3600}{100^3} \frac{A\sqrt{\frac{2\times10^6\Delta P}{\rho}}}{\sqrt{\xi}} = \frac{5.09A\sqrt{\frac{\Delta P}{\rho}}}{\sqrt{\xi}} \tag{3-4}$$

所以可以得到

$$q_v = C\sqrt{\frac{\Delta P}{\rho}} \tag{3-5}$$

其中 $C = \dfrac{5.09A}{\sqrt{\xi}}$，即为流量系数。

流量系数的定义为，阀全开状态下，$\Delta P = 1.0\times10^2 kPa$，$\rho = 1g/cm^3$，每小时流经阀体部件的流量数。其物理意义为，在规定条件下（阀全开状态下，$\Delta P = 1.0\times10^2 kPa$，$\rho = 1g/cm^3$），阀体部件能通过的介质的最大流量。

（三）阀体部件的可调比 R

阀体部件的可调比定义为阀体部件能控制的最大流量和最小流量之比，如下所示

$$R = \frac{q_{v\max}}{q_{v\min}} \tag{3-6}$$

需要注意的是 $q_{v\min} \neq$ 泄漏量，$q_{v\min}$ 为阀体部件可控流量的下限值，$q_{v\min} = (2\%\sim4\%)\times q_{v\max}$；而泄漏量为阀体部件全关时渗出的流量，泄漏量 $= (0.01\%\sim0.1\%)\times q_{v\max}$。阀体部件的理想可调比定义为 ΔP 为常量时阀体部件的可调比，即

$$R = \frac{q_{v\max}}{q_{v\min}} = \frac{C_{\max}\sqrt{\frac{\Delta P}{\rho}}}{C_{\min}\sqrt{\frac{\Delta P}{\rho}}} = \frac{C_{\max}}{C_{\min}} \tag{3-7}$$

阀体部件的理想可调比反映了阀体部件可控能力的大小。

【例1】 某气动调节阀，当它的清水流量 $= q_{v\max}$ 时，流量系数 $C_{\max} = 60$，当它的清水流量 $= q_{v\min} = 2cm^3/s$ 时，流量系数 $C_{\min} = 3$，试求 R 和 $q_{v\max}$。

解：$R = \dfrac{C_{\max}}{C_{\min}} = 20$，$q_{v\max} = R\,q_{v\min} = 20\times2 = 40cm^3/s$

阀体部件的实际可调比定义为当 $\Delta P \neq$ 常量时阀体部件的可调比。在实际工作中，阀体部件总是与管道系统串联或者并联，管道系统阻力变化或旁路阀开启程度不同，阀体部件的可调比会相应地发生变化。如图 3-19 所示，阀体部件的实际可调比包括串联管道的实际可调比和并联管道的实际可调比两种情况。

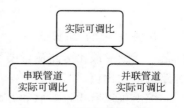

图 3-19　阀体部件的可调比

1. 串联管道的实际可调比

串联管道示意图如图 3-20 所示，$\Delta P_{管道}$ 表示管道阻力造成的压降，$\Delta P_{系统}$ 表示系统的总压降，根据阀体部件的可调比求串联管道的实际可调比。

$$R_{实际} = \frac{q_{v\max}}{q_{v\min}} = \frac{C_{\max}\sqrt{\dfrac{\Delta P_{\min}}{\rho}}}{C_{\min}\sqrt{\dfrac{\Delta P_{\max}}{\rho}}} = R\frac{\sqrt{\Delta P_{\min}}}{\sqrt{\Delta P_{\max}}} \tag{3-8}$$

式（3-8）中 $\Delta P_{\min}$ 表示阀体部件全开时的压差，$\Delta P_{\max}$ 表示阀体部件全关时的压差。由于阀体部件全关时阀前后压力近似等于系统总压差，即 $\Delta P_{\max} \approx \Delta P_{系统}$，则

$$R_{实际} \approx R\frac{\sqrt{\Delta P_{\min}}}{\sqrt{\Delta P_{系统}}} \tag{3-9}$$

令

$$S = \frac{\Delta P_{\min}}{\Delta P_{系统}} \tag{3-10}$$

S 表示阀体部件全开时的压差和系统压差之比，称为阀阻比，则

$$R_{实际} \approx R\sqrt{S} \tag{3-11}$$

由式（3-11）可以看出，S 越小，串联管道的阻力损失越大，实际可调比 $R_{实际}$ 越小。

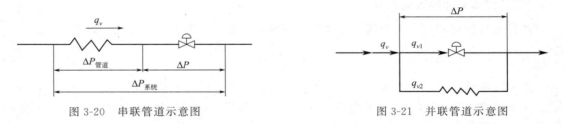

图 3-20　串联管道示意图　　　　　　　　图 3-21　并联管道示意图

2. 并联管道的实际可调比

并联管道示意图如图 3-21 所示，q_{v1} 和 q_{v2} 分别为流经阀体的流量和流经旁路的流量。当打开与阀体部件并联的旁路时，实际可调比为

$$R_{实际} = \frac{q_{v,\max}}{q_{v1,\min} + q_{v2}} \tag{3-12}$$

其中，$q_{v,\max}$ 为总管路最大流量，$q_{v1,\min}$ 为阀体部件最小流量。若令 $X = \dfrac{q_{v1,\max}}{q_{v,\max}}$，$R = \dfrac{q_{v1,\max}}{q_{v1,\min}}$，则可以得到

$$R_{实际} = \frac{R}{R-(R-1)X} \approx \frac{1}{1-X} = \frac{q_{v,\max}}{q_{v2}} \tag{3-13}$$

从式（3-13）可以看出，并联管道实际可调比与阀体部件本身的可调比无关。阀体部件的最小流量一般比旁路流量要小得多，因此并联管道实际可调比实际上是总管路最大流量与旁路流量的比值。

综上可以看出，串联和并联管道都使实际可调比下降，所以在选择阀体部件及组成控制系统时不能使阀阻比太小，而且并联旁路阀要尽可能保持关闭，以保证阀体部件有足够的可

调比。

（四）阀体部件的流量特性

介质流过阀体部件的相对流量和阀体部件的相对开度之间的函数关系，称为流量特性，即

$$q_v/q_{v\max}=f(l/L) \tag{3-14}$$

其中，$q_v/q_{v\max}$ 为相对流量，l/L 为相对开度。改变阀体部件阀芯和阀座之间的流通截面积，便可控制流量。但是由于受多种因素的影响，如果节流面积改变，阀前后的压差也会发生变化，而压差的变化又将引起流量的变化。因此，为了便于分析，先假设阀前后压差不变，这种情况下的流量特性称为固有流量特性。实际情况中，阀前后压差会发生变化，此时的流量特性称为安装流量特性。安装流量特性是在固有流量特性的基础上引申出来的，因此，主要介绍固有流量特性，对于安装流量特性只给出一般性结论。

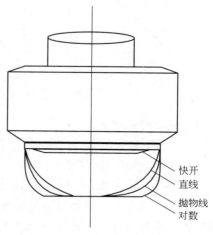

快开
直线
抛物线
对数

图 3-22　不同流量特性的阀芯形状

1. 固有流量特性

固有流量特性是阀前后压差保持不变的特性。固有流量特性主要包括：直线、对数、抛物线和快开。如图 3-22 所示为不同流量特性的阀芯形状示意图。

① 直线流量特性是指阀体部件单位相对开度的变化所引起的相对流量的变化是常数，其数学表达式为

$$\frac{\mathrm{d}\left(\dfrac{q_v}{q_{v\max}}\right)}{\mathrm{d}\left(\dfrac{l}{L}\right)}=K \tag{3-15}$$

式中，K 为阀体部件的放大系数。将式（3-15）进行积分，可以得到

$$\frac{q_v}{q_{v\max}}=K\left(\frac{l}{L}\right)+C \tag{3-16}$$

将边界条件

$$l=0,\ q_v=q_{v\min}$$
$$l=L,\ q_v=q_{v\max}$$

代入式（3-16）中，可以得到

$$C=\frac{q_{v\min}}{q_{v\max}}=\frac{1}{R}$$

$$K=1-\frac{1}{R}$$

所以，整理后可以得到

$$\frac{q_v}{q_{v\max}}=\frac{[1+(R-1)l/L]}{R} \tag{3-17}$$

其中 R 为理想可调比。如图 3-23 所示直线流量特性曲线描述了 $q_v/q_{v\max}$ 和 l/L 的

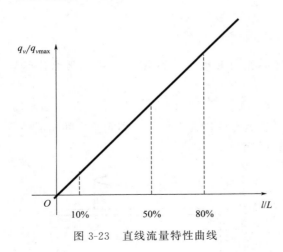

图 3-23 直线流量特性曲线

关系。

从图 3-23 中可以看出，曲线的斜率为常数，即直线流量特性的阀体部件放大系数为常数。为了便于分析和计算，一般 R 值比较大，可以近似认为特性曲线的起点为坐标原点。相对流量的变化率定义为曲线上某一点的相对流量的变化量和该点的相对流量之比，即

$$q = (\Delta q_v / q_{v\max})/(q_v / q_{v\max}) \times 100\%$$

(3-18)

$$= \Delta q_v / q_v \times 100\%$$

(3-19)

因此，可以在曲线上选择 3 个点，来计算相对流量的变化率：

在 $l/L = 10\%$ 处，l/L 变化 10 个百分点，计算的 $q \approx 100\%$；

在 $l/L = 50\%$ 处，l/L 变化 10 个百分点，计算的 $q \approx 20\%$；

在 $l/L = 80\%$ 处，l/L 变化 10 个百分点，计算的 $q \approx 12.5\%$。

因此可以看出，用相对流量的变化率表征阀体部件的灵敏度，小开度时，灵敏度高，不易控制，容易振荡；大开度时，灵敏度低，调节迟缓，不够及时。用放大系数表征阀体部件的斜率，直线流量特性阀体部件的斜率为常量。

② 对数流量特性是指阀体部件单位相对开度的变化引起的相对流量的变化与此点的相对流量成正比的关系，其数学表达式为

$$\frac{d\left(\dfrac{q_v}{q_{v\max}}\right)}{d\left(\dfrac{l}{L}\right)} = K\left(\frac{q_v}{q_{v\max}}\right)$$

(3-20)

将式（3-20）积分，得

$$\ln \frac{q_v}{q_{v\max}} = K \frac{l}{L} + C$$

(3-21)

将边界条件

$$l = 0, \quad q_v = q_{v\min}$$
$$l = L, \quad q_v = q_{v\max}$$

代入式（3-21）中，可以得到

$$C = \ln \frac{q_{v\min}}{q_{v\max}} = -\ln R$$

$$K = \ln R$$

所以，整理后可以得到

$$\frac{q_v}{q_{v\max}} = R^{(l/L-1)}$$

(3-22)

如图 3-24 所示对数流量特性曲线描述了 $q_v/q_{v\max}$ 和 l/L 的关系。

一般情况下，设计中选择 $R = 30$。因此，在 $R = 30$ 的情况下，在曲线上选择 3 个点来

计算相对流量的变化率:

在 $l/L=10\%$ 处,l/L 变化 10%,计算的 $q=(6.58-4.68)/4.68\times100\%\approx41\%$;

在 $l/L=50\%$ 处,l/L 变化 10%,计算的 $q=(25.7-18.3)/18.3\times100\%\approx40\%$;

在 $l/L=80\%$ 处,l/L 变化 10%,计算的 $q=(71.2-50.6)/50.6\times100\%\approx41\%$。

因此可以看出,用相对流量的变化率表征阀体部件的灵敏度,小开度时和大开度时灵敏度相同,这表明流量变化的百分比是相同的,因此对数流量特性也被称为等百分比流量特性。用放大系数表征阀体部件的斜率,对数流量特性阀体部件的斜率不为常量。

③ 抛物线流量特性是指阀体部件单位相对开度的变化所引起的相对流量的变化与此点的相对流量的平方根成正比的关系,其数学表达式为

$$\frac{\mathrm{d}\left(\dfrac{q_v}{q_{v\max}}\right)}{\mathrm{d}\left(\dfrac{l}{L}\right)}=K\sqrt{\frac{q_v}{q_{v\max}}} \tag{3-23}$$

积分后代入边界条件,整理可得

$$\frac{q_v}{q_{v\max}}=\frac{[1+(\sqrt{R}-1)l/L]^2}{R} \tag{3-24}$$

如图 3-25 所示抛物线流量特性曲线描述了 $q_v/q_{v\max}$ 和 l/L 的关系。

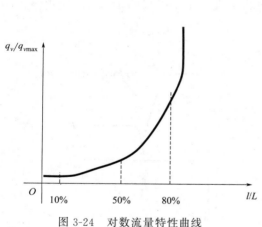

图 3-24 对数流量特性曲线

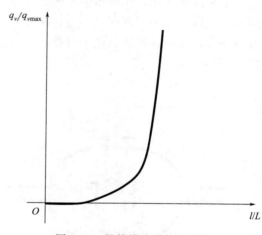

图 3-25 抛物线流量特性曲线

④ 快开流量特性是指阀体部件单位相对开度的变化所引起的相对流量的变化与此点的相对流量的倒数成正比的关系,其数学表达式为

$$\frac{\mathrm{d}\left(\dfrac{q_v}{q_{v\max}}\right)}{\mathrm{d}\left(\dfrac{l}{L}\right)}=\frac{K}{\dfrac{q_v}{q_{v\max}}} \tag{3-25}$$

积分后代入边界条件,整理可得

$$\frac{q_v}{q_{v\max}}=\frac{\sqrt{1+(R^2-1)l/L}}{R} \tag{3-26}$$

如图 3-26 所示快开流量特性曲线描述了 $q_v/q_{v\max}$ 和 l/L 的关系。

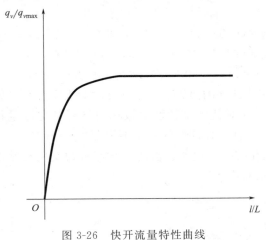

图 3-26　快开流量特性曲线

2. 安装流量特性

安装流量特性分为和管道串联时的安装流量特性及和管道并联时的安装流量特性，这里只给出和管道串联时的安装流量特性的分析结果。和管道串联时，当阀阻比 $S = 1$ 时，管道阻力损失为零，安装特性等于固有特性；随着 S 的减小，管道阻力增大，安装流量特性将发生变化；当 S 很小时，直线流量特性趋近于快开流量特性，对数流量特性趋近于直线流量特性；特别地，当 $S = 0.5$ 时，对数流量特性接近于抛物线流量特性，因此在实际使用中一般希望 $S > 0.3$。

（五）闪蒸、空化及其对策

1. 闪蒸和空化

当有流体通过阀体部件时，流体面积缩小导致缩流处的流速增加，根据能量守恒定律，速度上升，静压力 P_1 必然降低。当这个压力比液体所在环境下的饱和蒸汽压 P_V 还低时，有一部分液体气化，在液体中产生气泡，形成气液两相掺杂的混合流，这个过程称为闪蒸。闪蒸后，这个压力逐渐恢复，当它恢复到比液体饱和蒸汽压 P_V 更高的 P_2 时，气化停止，气泡爆裂，还原成液体，这个过程称为空化。

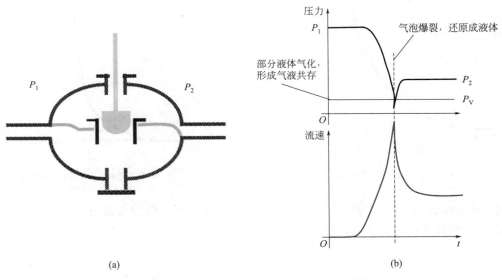

图 3-27　闪蒸与空化压力和流速变化示意图

2. 损害

闪蒸造成的损伤特征是在阀体部件上面形成一道道光滑的流线状表面斑痕，会对液体计算公式的正确性造成影响；空化会使阀体部件出现粗糙的海绵状空洞，造成阀体部件腐蚀。

3. 对策

从材料选择、结构的设计、控制压差三个方面考虑避免闪蒸和空化损害的对策，具体内容见表 3-8～表 3-10。

表 3-8 材料选择

原则	选择抗腐蚀能力强的材料
材料	司太立合金 硬化工具钢 碳化钨钢

表 3-9 结构的设计

原则	破坏闪蒸和空化形成的条件
结构	采用多级阀芯结构,逐级降压,使每一级都不超过临界压差

表 3-10 控制压差

原则	阀体部件的压差 $\Delta P<$ 最大允许压差 ΔP_T
方法	几个阀体部件串联,分散压差; 阀体部件前后安装限流孔板(图为限流孔板正面及侧面图),吸收压差

(六)压力恢复能力及压力恢复系数 F_L

1. 压力恢复能力

当流体经过阀体部件时,由于受到节流的影响,在缩流处流速上升,静压力下降;穿过缩流处后,流速下降,静压力上升。静压力在上升过程中,不会恢复到原有的数值 P_1,因此就产生了 P_2,则有 $\Delta P=P_1-P_2$。为了描述这种情况,引入压力恢复能力这个概念来说明在缩流处静压力的恢复过程和恢复能力。

2. 压力恢复系数 F_L

压力恢复系数的定义为

$$F_L=\sqrt{\frac{P_1-P_2}{P_1-P_{VC}}} \tag{3-27}$$

其中 P_1 为阀前压力, P_2 为阀后压力, P_{VC} 为缩流处最低点压力。关于压力恢复系数的具体说明见表 3-11。

表 3-11 压力恢复系数

F_L	P_2 与 P_1 关系	压力恢复情况
$=1$	P_2 与 P_1 无关	压力恢复无
<1	P_2 接近于 P_1	压力恢复程度高

注: F_L 越小,压力恢复越大,一般 $F_L=0.5\sim0.98$。

三、执行机构的特性分析

（一）不平衡力 F_t

当流体通过阀体部件时，由于阀芯受到流体静压和动压的作用，使阀芯受到旋转作用的切向力和上下移动的轴向力。阀芯受力如图 3-28 所示。

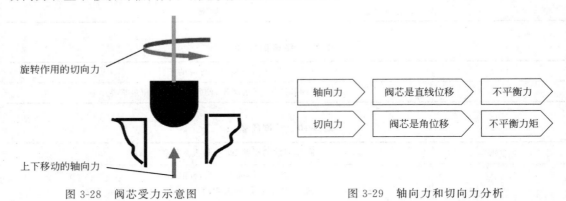

图 3-28　阀芯受力示意图　　　　　　图 3-29　轴向力和切向力分析

一般情况下，这些作用力的合力不等于 0，因此阀芯的上下左右受力不同，使阀芯处于不平衡状态。阀芯所受力分为轴向力和切向力，分别对应阀芯的直线位移和角位移，对应产生不平衡力和不平衡力矩，如图 3-29 所示。

其中，阀芯受到的轴向合力称为不平衡力，用 F_t 来表示。在阀体部件和工艺介质确定的情况下，F_t 的大小与阀前的压力 P_1、阀前后的压差 ΔP、阀芯的相对流向（流开和流闭两种情况：流开状态—流体流动，阀芯打开；流闭状态—流体流动，阀芯关闭）都有关系。

无论流开状态还是流闭状态，F_t 在阀芯关闭状态时最大，随着阀芯的开启，F_t 越来越小。因此计算 F_t 时要考虑阀体部件的种类且阀芯要处于全关的位置。

直通单座阀体部件处于流开状态下，如图 3-30（a）所示，阀杆在流体流出端的不平衡力为

$$F_t = \frac{P_1 \pi d_g^2}{4} - \frac{P_2 \pi (d_g^2 - d_s^2)}{4}$$

$$= \pi \frac{d_g^2 \Delta P + d_s^2 P_2}{4} \tag{3-28}$$

式中，d_g 和 d_s 分别为阀芯和阀杆的直径。同样，如图 3-30（b）所示，处于流闭状态下，阀杆在流体流入端的不平衡力为

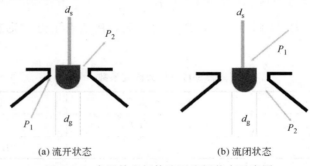

(a) 流开状态　　　　　　　　　(b) 流闭状态

图 3-30　直通单座阀体流开流闭状态示意图

$$F_t = \frac{P_2 \pi d_g^2}{4} - \frac{P_1 \pi (d_g^2 - d_s^2)}{4}$$

$$= -\pi \frac{d_g^2 \Delta P - d_s^2 P_2}{4} \tag{3-29}$$

（二）执行机构的输出力 F

阀体部件处于关闭位置时，执行机构具有克服 $+F_t$ 以保证阀体部件开启，或者克服 $-F_t$ 以保证阀体部件密封的力称为执行机构的输出力 F。执行机构输出力示意图如图 3-31 所示。

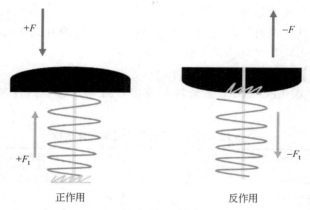

图 3-31 执行机构输出力示意图

不论执行机构是正作用还是反作用，$\pm F =$ 推力－弹簧反作用力。执行机构的推力 $=PA_e$，其中 P 为信号压力，A_e 为膜片有效面积。弹簧的反作用力 $=C_s(L_o + l)$，其中 C_s 为弹簧的刚度，L_o 为弹簧预紧量，l 为阀杆的行程。因此，执行机构的正反向输出力都可以表示成

$$\pm F = PA_e - C_s(L_o + l) \tag{3-30}$$

因为

$$C_s = \frac{A_e P_r}{L} \tag{3-31}$$

$$L_o = \frac{A_e P_i}{C_s} \tag{3-32}$$

其中 P_r 为弹簧最大弹力，L 为执行机构的全行程，P_i 为弹簧的起始压力。将式（3-31）和式（3-32）代入式（3-30），得

$$\pm F = A_e(P - P_i - P_r l/L) \tag{3-33}$$

对于气动薄膜式执行机构，通常 $P_i = 0.2 \times 10^2 \text{kPa}$；全行程时 $l = L$，$P = 1.0 \times 10^2 \text{kPa}$，$P_r = 1.0 \times 10^2 \text{kPa} - 0.2 \times 10^2 \text{kPa} = 0.8 \times 10^2 \text{kPa}$，可以计算得到在全行程时 $\pm F = 0$。可见，气动薄膜式执行机构在全行程时，薄膜上的作用力完全被弹簧反作用力抵消，因此执行机构在全行程时没有输出力。使它获得输出力的办法是增大膜片有效面积 A_e，或者改变弹簧起始压力 P_i 的大小。通过带阀门定位器，也可以提高信号压力 P，这样也可以得到较大的输出力。

（三）允许压差［ΔP］

执行机构的 F 用于克服阀体部件的 F_t，而 F_t 随着 ΔP 的变化而变化。ΔP 越大则 F_t 也越大。因此，当 F 为常量时，ΔP 必须限制在一定的范围内工作，该压差范围就称为允许压差［ΔP］。不同的阀体部件，［ΔP］的计算公式不同；［ΔP］的条件阀体部件必须处于流开状态；［ΔP］是调节阀制造厂在条件为 $P_2=0$ 时给出的数据。

四、气动调节阀的选择

（一）执行机构和阀体部件类型的选择

1.执行机构结构型式的选择

执行机构结构型式一般有膜片式和活塞式两种，通常选膜片式执行机构。因为膜片式执行机构的输出力一般可以满足气动调节阀对它的要求。

2.阀体部件结构型式的选择

阀体部件结构形式主要根据工艺条件和流体特性来选择，具体考虑的因素如表 3-12 所示。

表 3-12 阀体部件结构型式的选择依据

选择依据	具体因素
工艺条件	温度、压力、流量
流体特性	黏度、相态、毒性、腐蚀性、是否含有悬浮物、颗粒物
控制要求	系统精度、噪声、可调比

（二）气开气关的选择

1.气开气关的定义

气开式：有输入信号时阀门打开，无输入信号时阀门关闭，即有气就开。

气关式：有输入信号时阀门关闭，无输入信号时阀门打开，即有气就关。

2.气开气关的选择原则

气动调节阀的输入信号中断时，应保证设备及人员的安全，举例说明如下：

① 换热器冷却水调节阀选气关式，因为如果输入信号中断，调节阀要打开，保证冷却水继续流动，防止换热器温度过高而损坏。

② 加热炉燃料油调节阀选气开式，因为输入信号中断，调节阀要关闭，燃料油切断，防止加热炉温度过高造成毁坏。

③ 蒸馏塔进料调节阀选气开式，因为输入信号中断，调节阀要关闭，进料切断，防止物料过多造成溢出事故。

④ 精馏塔回流调节阀选气关式，因为输入信号中断，调节阀要打开，保证回流量，防止不合格产品蒸出。

3.组合方式

执行机构有正反作用，阀体部件有正装和反装，气动调节阀有气开式和气关式，三者具体的组合方式示意图如图 3-32 所示。

（三）阀体部件流量特性的选择

流量特性主要有 4 种，实际应用时主要选择直线流量特性和对数流量特性。

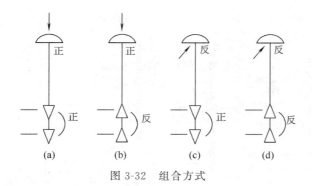

图 3-32　组合方式

五、阀门定位器

阀门定位器可以采用更高的气源压力，从而增大执行机构的输出力、克服阀杆的摩擦力、消除不平衡力的影响和加快阀杆的移动速度。阀门定位器与执行机构安装在一起，可减少调节信号的传输滞后。此外，阀门定位器还可以接收不同范围的输入信号，因此采用阀门定位器还可实现分程控制。

阀门定位器工作原理如图 3-33 所示，将来自调节器的控制信号（I_0 或 P_0），成比例地转换成气压信号输出至执行机构，使阀杆产生位移。其位移量通过机械机构反馈到阀门定位器，当位移反馈信号与输入的控制信号平衡时，阀杆停止动作，调节阀的开度与控制信号相对应。

可见，阀门定位器与气动执行机构构成一个负反馈系统，因此采用阀门定位器可以

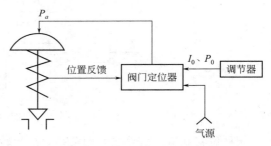

图 3-33　阀门定位器工作原理图

提高执行机构的线性度，实现准确定位，并且可以通过改变执行机构的特性来改变整个执行器的特性。

阀门定位器主要用于高压差场合，用于高压、高温或低温介质的场合，用于含有固体悬浮物或黏性介质的场合，用于阀体部件大口径的场合，用于增加执行机构动作速度的场合，用于分程控制的场合，用于改善阀体部件流量特性的场合。

按结构形式，阀门定位器可以分为电/气阀门定位器、气动阀门定位器和智能式阀门定位器。

（一）电/气阀门定位器

电/气阀门定位器作用：

将 4～20mA 或 0～10mA 转换为气信号，用以控制气动调节阀；它还能够起到阀门定位的作用。

电/气阀门定位器工作原理如图 3-34 所示，当输入 I_0 对主杠杆产生向左的力 F_1，此时主杠杆绕支点逆时针偏转，挡板靠近喷嘴，导致压力上升，使阀杆向下移动，并带动反馈杆绕支点偏转，反馈凸轮也跟着逆时针偏转，从而使反馈弹簧拉伸，最终使阀门定位器达到平衡状态。此时，一定的信号压力就对应于一定的阀杆位移，即对应于一定的阀门开度。阀门

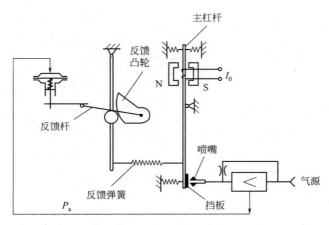

图 3-34 电/气阀门定位器工作原理示意图

定位器的方框图如图 3-35 所示。阀杆位移 L 和输入信号 I_0 之间的关系如下

$$\frac{L}{I_0} = K_i l_i \frac{K_1 K_2}{1 + K_1 K_2 K_f l_f} \qquad (3\text{-}34)$$

$$= \frac{K_i l_i}{K_f l_f} \quad (K_1 K_2 K_f l_f \gg 1)$$

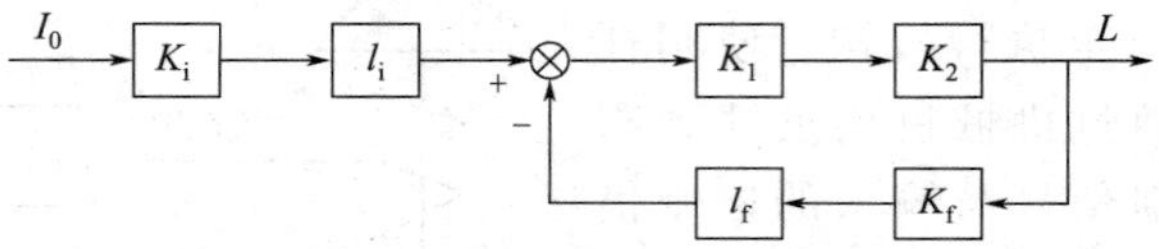

图 3-35 阀门定位器方框图

阀杆位移和输入信号之间的关系取决于转换系数 K_i、力臂长度 l_i 以及反馈部分的反馈系数 K_f，而与执行机构的时间常数和放大系数，即执行机构的膜片有效面积和弹簧刚度无关，因此阀门定位器能消除执行机构膜片有效面积和弹簧刚度变化的影响，提高执行机构的线性度，实现准确定位。

改变阀门定位器反馈凸轮的几何形状，即可改变反馈部分的反馈系数 K_f，从而改变执行机构的特性，进而可以改变整个调节阀的特性。因此，可以通过改变反馈凸轮的几何形状来修正调节阀的流量特性。

根据系统的需要，阀门定位器也能实现正反作用。正作用阀门定位器使输入信号压力增加，输出压力也增加；反作用阀门定位器与此相反，输入信号压力增加，输出压力则减小。电/气阀门定位器实现反作用，只要把输入电流的方向反接即可。

（二）气动阀门定位器

气动阀门定位器的输入信号是标准气信号，例如，$20 \sim 100\text{kPa}$ 气信号，其输出信号也是标准的气信号，原理与电/气阀门定位器完全相同。气动力矩平衡式阀门定位器要将正作用改装成反作用，只要把波纹管的位置从主杠杆的右侧调到左侧即可。

（三）智能阀门定位器

智能阀门定位器工作原理和前面两种阀门定位器很相似，也是负反馈的方式，如图 3-36 所示，以微处理器 CPU 为核心，具有许多模拟式阀门定位器无法比拟的优点：

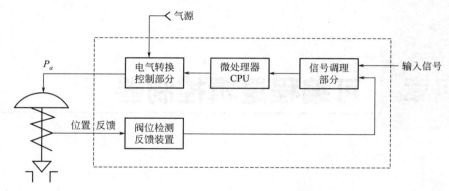

图 3-36　智能阀门定位器

1. 定位精度和可靠性高

智能阀门定位器的机械可动部件少，输入信号、反馈信号的比较是数字比较，不易受环境影响，工作稳定性好，不存在机械误差造成的死区，因此具有更高的精度和可靠性。

2. 流量特性修改方便

智能阀门定位器一般都含有常用的直线、等百分比和快开特性功能模块，可以通过按钮、上位机、手持式数据设定器直接设定。

3. 零点、量程调整简单

零点调整与量程调整互不影响，因此调整过程简单快捷。许多品种的智能阀门定位器不但可以自动进行零点与量程的调整，而且能自动识别配装的执行机构规格，如气室容积、作用形式等，自动进行调整，从而使调节阀处于最佳的工作状态。

4. 具有诊断和监测功能

除一般的自诊断功能之外，智能阀门定位器能输出与调节阀实际动作相对应的反馈信号，可用于远距离监控调节阀的工作状态。

接收数字信号的智能阀门定位器，具有双向的通信能力，可以就地或远距离地利用上位机或手持式操作器进行阀门定位器的组态、调试、诊断。

‹ 思考题与习题 ›

1. 气动、电动、液动执行器各自优缺点和适用的场合是什么？

2. 何谓调节阀的流量特性？常用的流量特性有哪几种？

3. 用哪些方法可以改善调节阀的流量特性？哪种方法比较简单？

4. 什么情况下应该选用阀门定位器？

5. 某液体的 $q_v = 18\text{m}^3/\text{h}$，$\rho = 1\text{g}/\text{cm}^3$，$P_1 = 2.5 \times 10^2\text{kPa}$，$P_2 = 2 \times 10^2\text{kPa}$ 时，气动调节阀的流量系数 C 等于多少？

6. 某直线流量特性的调节阀，$q_{v\max} = 60\text{m}^3/\text{h}$，$q_{v\min} = 3\text{m}^3/\text{h}$，若全行程为 10mm，那么在 4mm 行程时的流量为多少？

7. 某对数流量特性的调节阀，$R = 25$，若 $q_{v\max} = 85\text{m}^3/\text{h}$，那么开度在 2/3 时流量为多少？

第四章 可编程逻辑控制器

本章首先从可编程逻辑控制器的产生、特点、分类、基本原理等方面进行介绍；然后以西门子 S7-300PLC 为例，对其系统组成、系统配置、指令系统、程序结构和 S7 PLC 的网络通信五个方面进行了详细阐述；最后以基于 PLC 的温度过程控制系统设计为例，给出了基于 PLC 的过程控制系统设计的基本内容和要求。

第一节 PLC 概述

一、PLC 的特点与分类

可编程逻辑控制器（Programmable Logic Controller，PLC）初期主要用于顺序控制，虽然也采用了计算机的设计思想，但实际上只能进行逻辑运算。后来随着 PLC 技术的发展，其不再局限于逻辑控制，故又被称作可编程序控制器（Programmable Controller，PC）。但根据早期的可编程序控制器主要采用逻辑控制的特点，也为了避免与个人计算机 PC 混淆，一般仍然习惯将其称为 PLC。

（一）PLC 的产生

在 PLC 问世以前，继电器控制在顺序控制领域中占有主导地位，但是由继电器构成的控制系统对生产工艺变化较多的系统适应性极差。这就导致在实际的工业生产中，需要改变控制器的结构甚至重新设计全新的系统来满足生产需要。

在 20 世纪 60 年代末期，美国的汽车工业迅速发展。美国通用汽车公司为了在汽车行业中占据优势地位，提出开发新的可编程序的控制设备取代继电器控制系统以满足其生产工艺的需求。美国 DEC 公司于 1969 年根据通用公司的要求，研制出了世界上第一台可编程序控制器 PDP-14，并在汽车生产线上获得成功应用。在经历了几十年的发展后，PLC 及 PLC 网络已经发展成了一套完整的控制体系，成为工厂企业在生产中不可或缺的一类工业控制装置。

（二）PLC 的特点

PLC 之所以能得到广泛应用，是因为其自身具备独特的优点，较好地满足了生产工艺的控制需要和经济需要。其特点主要有以下四点：

① PLC 的可靠性较高，且具有适应恶劣工业环境的能力，能满足在各种恶劣环境下的生产控制需要；

② 其功能在经历了数十年的发展后比较完善，具备了各种控制功能与网络功能，可以

根据用户需要灵活地搭建控制系统，满足了绝大部分的用户需求；

③ 目前绝大部分的 PLC 采用了梯形图语言的编程方式，相较于其他编程语言较为简单，并且在实际的生产应用中使用和维护非常方便；

④ PLC 还具有接线简单、系统设计周期短、体积小、易于实现机电一体化等特点。

上述特点使 PLC 在设计、结构上具有其它许多控制器无法相比的优越性，令其被广泛应用于各种工业领域。

（三）PLC 的分类

自 20 世纪 60 年代末由美国 DEC 公司成功研制出第一台 PLC 以来，数十年间，PLC 已经发展成一个巨大的产业体系。

从地域这一角度出发，PLC 可以划分为三个流派：美国流派、欧洲流派和日本流派。美国流派与欧洲流派都是各自独立开发而成，两者在技术上表现出了非常明显的差异，而日本流派则是在引进美国产品的基础上进行发展，并产生了属于自身产品的特点。

从结构上可以将 PLC 划分为一体化结构和模块化结构。其中，一体化结构是将 PLC 的各个模块全部集成在一个产品内部，如图 4-1 所示。而模块化结构中各个模块是独立的，可以根据客户需要进行组装，如图 4-2 所示。

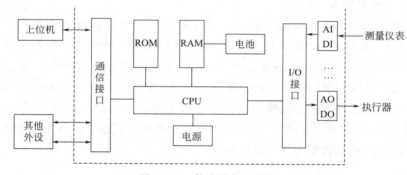

图 4-1 一体化结构示意图

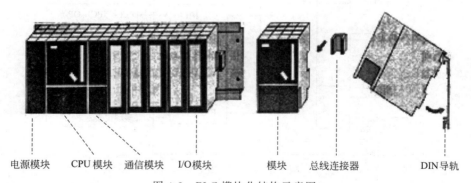

图 4-2 PLC 模块化结构示意图

按照生产厂家来看，在我国占有较大市场份额、较有影响的公司主要有 SIEMENS 公司。SIEMENS 公司的代表性产品主要有在 20 世纪 80 年代生产的 S5 系列 PLC 和 90 年代生产的 S7 系列 PLC。S7 系列的 S7-200、S7-300 和 S7-400 三种型号分别对应了小型、中型和大型 PLC，其中 S7-300 系列和 S7-400 系列 PLC 二者的编程语言、使用方法基本相同。

在日本流派中，OMRON 公司在 20 世纪 80 年代初研制出 C 系列 PLC，如 C2000、C500、C20 等，随后出现 C 系列 P 型机，如 C20P。到了 20 世纪 80 年代后期，由其研发的 SP 系列超小型 PLC 和 I/O 点数更多、价格更低且速度更快的 H 型机进入市场，如 SP20、C20H、C2000H。随后在 20 世纪 90 年代，随着技术的飞速发展，该公司又相继发布了功能更加强大的大型机 CV 系列和小型机 CQM1，前者的性能比大型 H 机更高，而后者为无底板、模块式结构，速度比中型机 C200H 还快。OMRON 公司的产品涵盖了各个型号，并在中、小、微方面更具特点。而三菱公司的 PLC 更擅长离散控制和运动控制，拥有丰富的指令系统和专门的定位指令，使控制伺服和步进更容易实现。

其它的 PLC 公司，例如美国 GE 公司与日本 FANAC 合资的 GE-FANAC、美国 Modicon 公司（被施奈德兼并）、美国 AB（Alien-Bradley）公司、日本日立公司、日本东芝公司、日本松下公司和日本富士公司等都生产 PLC，并在市场中具有一定的地位。

国内 PLC 生产厂家，例如和利时公司于 2004 年推出完全自主生产的小型一体化 PLC——HOLLiAS-LEC，目前拥有 LK 系列大型 PLC 和 LM 系列小型 PLC。

二、PLC 的基本组成与工作原理

（一）PLC 的基本组成

PLC 是一种专用于工业领域的控制器，其在硬件结构上与微机系统类似。主要包括中央处理器（CPU）、RAM、EPROM、E^{2}PROM、通信接口、外设接口和 I/O 接口等。现有的 PLC 从结构上可分为一体化和模块化两类，由于后者可以根据实际的需要进行任意的硬件配置，其在工业领域的应用更为广泛。如图 4-3，一体化 PLC 将各个模块封装在一个机壳内，通过接口与外部进行连接。而模块化 PLC 其结构如图 4-4 所示，其 CPU 模块、通信接口模块、电源模块、I/O 模块、智能 I/O 模块和其它模块相互独立，各个模块之间通过系统总线进行连接，可以根据具体的需求进行配置。

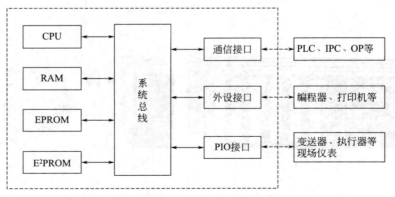

图 4-3　一体化 PLC 结构

（二）PLC 的基本工作原理

目前市场上 PLC 产品很多，不同型号、不同厂家的 PLC 在结构特征上各不相同，但绝大多数 PLC 的工作原理都基本相同。最初 PLC 的产生是为了能够在生产中取代继电器控制，以下就以一个继电器控制电路为例，来认识 PLC 控制的原理。

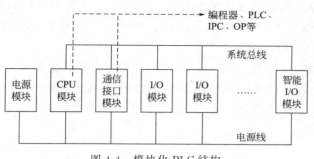

图 4-4　模块化 PLC 结构

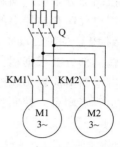

图 4-5　继电器控制电路

对于继电器控制电路（图 4-5）的要求如下：电路中需要有一个启动按钮（无自锁）和一个停止按钮（无自锁）；按动启动按钮，电机 M1 运转，过 10s 电机 M2 运转；按动停止按钮，电机 M1、M2 同时停止。继电器的控制回路和与之相对应的 PLC 接线原理图如图 4-6 和图 4-7 所示。

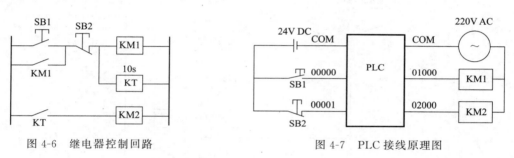

图 4-6　继电器控制回路

图 4-7　PLC 接线原理图

PLC 控制等效电路（图 4-8）主要由输入部分、控制部分和输出部分组成。

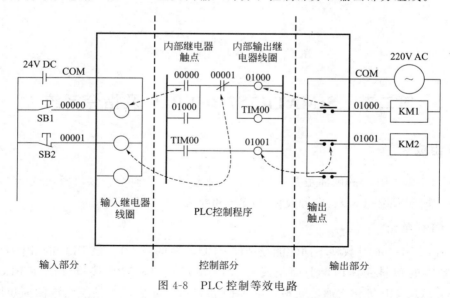

图 4-8　PLC 控制等效电路

其中输入部分的主要作用是接收操作指令（启动、停止等），PLC 的每个输入点对应一个内部输入继电器，当输入点与输入 COM 端接通时，输入继电器线圈通电，它的常开触点闭合、常闭触点断开。

控制部分是用户编制的控制程序，通常用梯形图的形式表示。系统运行时，PLC 依次读取用户程序存储器中的程序语句，对它们的内容进行解释并加以执行，有需要输出的结果则送到 PLC 的输出端子，以控制外部负载的工作。

输出部分会根据程序执行的结果直接驱动负载。在 PLC 内部有多个输出继电器，每个输出继电器对应输出端的一个硬触点，当程序执行的结果使输出继电器线圈通电时，对应的硬输出触点闭合，控制负载的动作。PLC 的循环扫描的工作过程如图 4-9 所示。

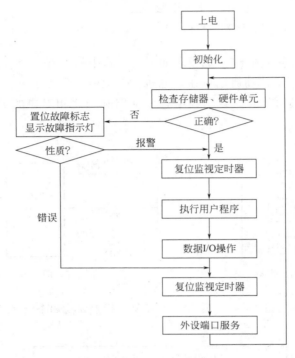

图 4-9　PLC 循环扫描工作过程

第二节　SIMATIC S7-300 PLC 及指令系统

一、系统组成

西门子 S7-300 PLC 的硬件主要分为以下几部分：CPU 模块、接口模块（IM）、I/O 模块（SM）、功能模块（FM）、电源模块（PS）和导轨（RACK）。

（一）CPU 单元

SIMATIC S7-300 有数种不同性能级别的 CPU，参见表 4-1。该 PLC 的各种 CPU 均封装在一个紧凑的塑料壳体内，上面集成有 MPI 多点接口，MPI 接口可以使 PLC 与其它 PLC、OS、PG、OP 等建立通信联系，用 MPI 接口可建立由多个站点组成的简单网络。其中 CPU31X-2 集成了 Profibus-DP 接口，适用于大范围分布式自动化结构。通过模块扩展，可以实现 EtherNet 通信。对于不同型号的 CPU 而言，CPU 的执行速率、存储器容量、可扩展 I/O 点数等都随着 CPU 序号的递增而增加。

表 4-1　S7-300 不同型号 CPU 参数对比

CPU 型号	CPU312IFM	CPU313	CPU314	CPU315-2DP
工作存储器	6kB	12kB	24kB	64kB
内部装载存储器	20kB RAM，20kB EEPROM	20kB RAM	40kB RAM	96kB RAM
扩展装载存储器	—	4MB FEPROM	4MB FEPROM	4MB FEPROM
DI（最大）	256+10（集成）	256	1024	1024（8192）
DO（最大）	256+6（集成）	256	1024	1024（8192）
AI（最大）	64	64	256	256（512）
AO（最大）	32	32	128	128（512）
最大机架数（模块数）	1（8）	1（8）	4（32）	4（32）
CPU 集成 DP 接口	—	—	—	1
CPU 集成 MPI 接口	√	√	√	√

（二）模拟量输入模块（SM331）

SM331 模块的输入测量范围很宽，可直接输入电压、电流、电阻、毫伏等信号，参见表 4-2。

表 4-2　SM331 输入信号范围

量程				范围
1～5V	4～20mA	150Ω	十进制结果	
5	20	150	27648（单极性）	标称范围
…	…	…	…	
1	4	0	0	

图 4-10　SM331 输入信号转换

当模拟量输入模块接收到单极性电压、电流输入信号时，需要通过转换程序将其转换为数字信号（如图 4-10）。首先通过变送器将 0～200kPa 气信号转换为 4～20mA 电信号，再通过输入模块将其转换为数字信号，最后通过转换程序将其转换为气信号的数值范围，供程序调用。其转换程序为：

```
L     PIW 400      //从端口地址 400 读入十进制转换结果
T     ♯ Dec_in     //存入临时变量 Dec_in
CALL  "SCALE"      //直接调用系统提供的转换函数,以下是输入输出参数
  IN        := ♯ Dec_in //入口参数:十进制转换结果
  HI_LIM    := 2.000000e+002   //入口参数:工程量上限 200,单位 kPa
  LO_LIM    := 0.000000e+000   //入口参数:工程量下限 0
  BIPOLAR := FALSE //入口参数:TRUE 为双极性,FALSE 为单极性
  RET_VAL := ♯ret     //出口参数:返回值
  OUT       := ♯ In_result //出口参数:工程量转换结果
```

S7-300PLC 的模拟量输入模块 SM331 目前主要有两种规格型号，分别为 2 通道和 8 通

道。输入模块可以接收多种不同的信号，为了确保模块的硬件结构和软件与输入信号匹配，通常需要对模块进行硬件和软件设置。

SM331 模块上装有量程块，调整量程块的方位可改变模块内部的硬件结构，如图 4-11 所示。其中每两个相邻输入通道共用一个量程块，构成一个通道组。量程块是一个正方体的短接块，在上方有 "A" "B" "C" "D" 四个标记。不同的量程块位置，适用于不同的测量方法和测量范围，参见表 4-3。

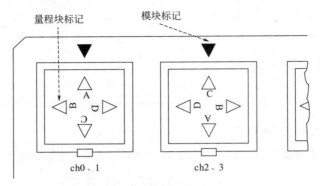

图 4-11　SM331 量程块设置

表 4-3　SM331 量程块设置对应关系

设置标记	对应的测量方式及范围	缺省设置
A	电压：≤±1000mV 电阻：150Ω、300Ω、600Ω、Pt100、Ni100 热电偶：N、E、J、K 等各型热电偶	电压：±1000mV
B	电　压：≤±10V	电压：±10V
C	电　流：≤±20mA（四线制变送器输出）	电流：4～20mA（四线制）
D	电　流：4～20mA（二线制变送器输出）	电流：4～20mA（二线制）

SM331 模块在进行硬件设置的同时，也需要对其软件进行配置，也称为组态。可以利用 STEP7 组态软件对其进行组态，如图 4-12 所示。

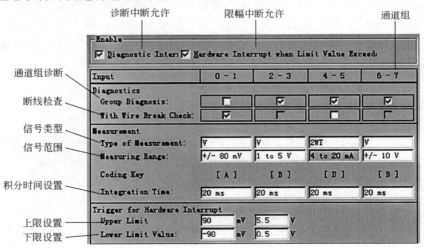

图 4-12　SM331 软件设置

SM331 模块可以接收四种不同的输入信号，分别为电压、电流、毫伏和电阻信号。其中，输入电压、电流或毫伏信号只会占用一个通道，但输入电阻信号将占用两个通道。

（1）输入电压信号时，需要将对应的输入模块配置为电压输入，对应的模块设置标记为 B，具体连接方式如图 4-13 所示。

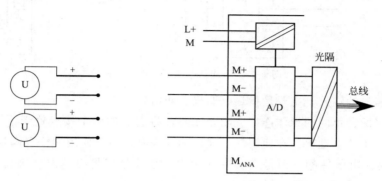

图 4-13　电压信号输入连接

（2）输入电流信号时，可以采用四线制电流输入或二线制电流输入，与之对应的模块设置分别为 C 和 D。

采用四线制输入时，若仪表为二线制仪表，模块端口不提供电源，则由外部电源向变送器供电。具体连接方式分别如图 4-14 和图 4-15 所示。若采用二线制电流信号输入，则无需外接电源，连接如图 4-16 所示。

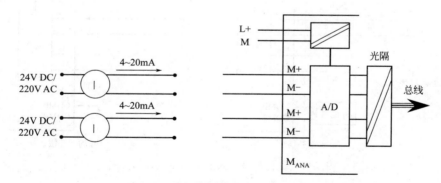

图 4-14　四线制电流信号输入连接

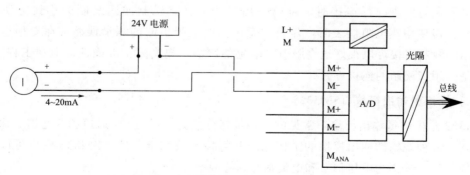

图 4-15　四线制电流信号输入连接（外部电源）

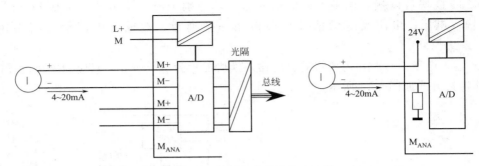

图 4-16　二线制电流信号输入连接

（3）毫伏信号的输入，主要是指热电偶仪表的信号。

热电偶是将两种不同的导体连接成闭合回路，将它们的两个接点置于不同的温度下时，在该回路中会产生热电动势。在使用热电偶检测仪表时，通常使用的仪表都是以热电偶冷端温度为 0℃ 作为先决条件的，但是在实际使用中，往往难以将冷端温度维持在 0℃，因此，要对热电偶冷端进行温度补偿。

一般采用的冷端补偿分为外部补偿和内部补偿两种，如图 4-17 所示，图中左侧的外部补偿是通过补偿盒来补偿冷端温度，而右侧的内部补偿是通过模块内部的补偿电路来补偿冷端温度。

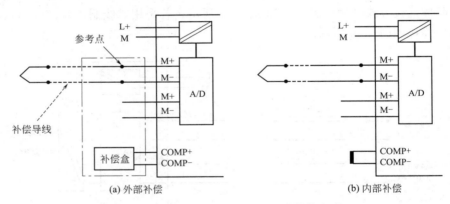

图 4-17　毫伏信号输入连接的冷端补偿方式

（4）在实际操作中，由热电阻构成的检测仪表输出的是电阻信号。

热电阻在与模块进行连接时，可以采用二线制、三线制或四线制的连接方法，如图 4-18 所示。但使用热电阻仪表时，需要注意由引线电阻引起的测量误差。在三种连接方式中，采用四线制连接可以很好地克服引线电阻的影响，提高测量准确性。但在工程实际中，主要还是采用三线制的连接方式。

（三）模拟量输出模块（SM332）

SM332 是模拟量输出模块，常见的几种规格分别为 2 通道、4 通道和 8 通道。除通道数有区别外，三种规格的输出模块的工作原理和特性参数完全一致。SM332 模块可以输出两种类型的信号，分别为电压信号和电流信号，参见表 4-4。

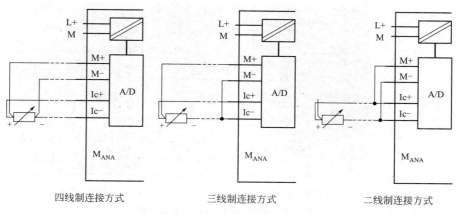

四线制连接方式　　　　三线制连接方式　　　　二线制连接方式

图 4-18　电阻信号输入连接

表 4-4　SM332 输出信号范围

单极性输出					双极性输出		
输出信号标称范围				十进制结果	输出信号标称范围		十进制结果
0～20mA	4～20mA	0～10V	1～5V		±10V	±20mA	
20.000	20.000	10.000	5.000	27648	10.000	20.000	27648
...	...	...	...		...	...	...
0	4.000	0	1.000	0	−10.000	−20.000	−27648

图 4-19　SM332 模块信号转换过程

SM332 模拟量输出模块的信号转换过程如图 4-19 所示。通过程序将阀位信号转换为 0～27648 或 −27648～27648 的数字信号后，SM332 模块将得到的十进制结果转换为 4～20mA 的电流信号输送给执行器，最后由执行器将其转换为相应的阀位。其转换程序如下：

```
CALL  "UNSCALE"  //直接调用系统提供的转换函数,以下是输入输出参数
  IN        : = #Out    //入口参数:阀位值 0～100％浮点数
  HI_LIM    : = 1.000000e + 002  //入口参数:阀位上限 100
  LO_LIM    : = 0.000000e + 000  //入口参数:阀位下限 0
  BIPOLAR : = FALSE    //入口参数:TRUE 为双极性输出,FALSE 单极性输出
  RET_VAL : = #Err    //出口参数:返回值
  OUT      : = #Out_result  //出口参数:十进制转换结果存入临时变量
L     #Out_result
T     PQW  416    //十进制转换结果输出到过程输出缓冲区,如 416
```

SM332 模块只需要进行软件设置，而不需要进行硬件设置。其需要进行设置的参数包括通道诊断、诊断中断允许、信号类型和信号范围等，如图 4-20 所示。

SM332 模拟量输出模块的信号输出时，每个通道有 4 个端子，可以输出电压信号和电流信号。当输出电压信号时，可以采用四线连接和二线连接，如图 4-21 所示。相较于二线

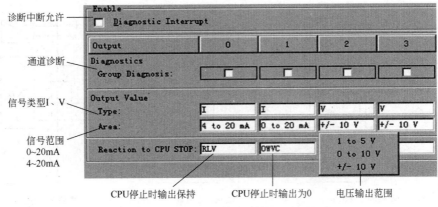

图 4-20　SM332 模块软件设置界面

连接，采用四线连接时，还需要把检测线路 S＋和 S－连接至负载两端，用于检测输出电压是否正确。当输出电流信号时，连接方式与电压信号二线连接的方式类似，如图 4-22 所示。

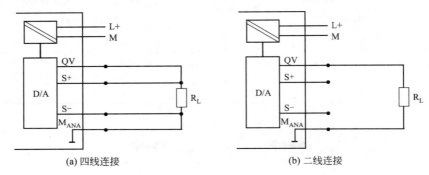

(a) 四线连接　　　　　　　　　　(b) 二线连接

图 4-21　SM332 输出电压信号连接

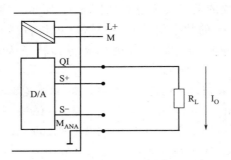

图 4-22　SM332 电流输出信号连接

（四）开关量输入模块（SM321）

开关量输入模块 SM321 主要有直流信号输入和交流信号输入两大类，常见的型号性能参数见表 4-5。

表 4-5　SM321 主要性能参数

SM321 开关量 输入模块	16×24V DC	32×24V DC	16×120V AC	8×120/230V AC
输入点数	16	32	16	8

续表

输入电压	"1"	15～30V DC	15～30V DC	79～132V AC	79～264V AC
	"0"	−3～5V DC	−3～5V DC	0～20V AC	0～40V AC
与背板总线的隔离		光耦	光耦	光耦	光耦
"1"信号典型输入电流		7mA	7.5mA	6mA	6.5mA/11mA
典型输入延迟时间		1.2～4.8ms	1.2～4.8ms	25ms	25ms
诊断中断		某些型号具备	—	—	—
绝缘耐压测试		500V DC	500V DC	1500V AC	1500V AC

（五）开关量输出模块（SM322）

开关量输出模块 SM322 有晶体管、可控硅和继电器 3 种输出类型。其中晶体管输出用于直流负载，可控硅输出用于交流负载，而继电器输出两者皆可。三种开关量输出模块的具体性能参数见表 4-6。

表 4-6　SM322 主要性能参数

SM322 开关量输出模块		晶体管输出			可控硅输出		继电器输出	
输出点数		8	16	32	8	16	8	16
额定电压		24V DC			120/230V AC	120V AC	230V AC/24V DC	
"1"信号最大输出电流		2A	0.5A	0.5A	1A	0.5A	—	
"0"信号最大输出电流		0.5mA			2mA	1mA	—	
与背板总线的隔离		光耦			光耦		光耦	
触点容量		—			—		2A	
触点开关频率	阻性负载	100Hz			10Hz		2Hz	
	感性负载	0.5Hz			0.5Hz		0.5Hz	
	灯负载	100Hz			1Hz		2Hz	
诊断		—			LED 指示		—	
绝缘耐压测试		500V DC			1500V AC		1500V AC	

二、系统配置

S7 系列 PLC 在实际应用中需要根据自动化系统的实际规模和要求配置 PLC 硬件系统。S7 系列 PLC 采用模块化的结构形式，根据系统规模用户可选择不同型号和不同数量的模块，并把这些模块安装在一个或多个机架上。除了 CPU 模块、电源模块、通信接口模块之外，根据规定每一个机架最多可以安装 8 个 I/O 信号模块。一个 PLC 系统的最大配置能力（包括 I/O 点数、机架数等）通常与 CPU 的型号相关。

S7-300PLC 常用的模块如下：

CPU：312、313、314、315-2DP、316-2DP 等

电源：PS-307（2A、5A、10A）、SITOP（5A、10A、20A、40A）

接口模块（连接机架）：IM365（CR，最多1）/IM365（ER，最多1）、

IM360（CR，最多1）/IM361（ER，最多3）、

IM153（ER，最多127，DP总线）

AI：SM331（I、V、mV、Ω，2通道、8通道）、

SM331 RTD（Ω，2通道、8通道）

AO：SM332（I、V，2通道、4通道、8通道）

DI：SM321（8/16/32通道）

DO：SM322（8/16/32通道）

下面通过一个例子来认识一下S7 PLC的配置过程。

【例1】 某系统需要输入46路4～20mA信号，输入4路Pt100信号，输出32路4～20mA信号，要求配置S7 PLC的I/O模块并选择合适的CPU单元。

（1）I/O模块配置一

每路4～20mA占1个A/D通道→需46个A/D通道：需7块8通道SM331，冗余10个通道。

电阻信号可以配置RTD模块→需4个RTD通道：需1块8通道SM331 RTD，冗余4个RTD通道。

每路4～20mA占1个D/A通道→需32个D/A通道：需4块8通道SM332。

总计12块SM模块，需要2个机架。

（2）I/O模块配置二

每路4～20mA占1个A/D通道→需46个A/D通道。

每路电阻信号占2个A/D通道→需8个A/D通道。

共需7块8通道SM331，冗余2个A/D通道。

每路4～20mA占1个D/A通道→需32个D/A通道：需4块8通道SM332。

总计11块SM模块，需要2个机架。

（3）CPU配置

该系统需要11或12块SM模块，需要2个机架，如果单纯从I/O配置的角度分析（暂不考虑内存、速度需求），根据CPU选型表的性能参数，该系统可以选用CPU314或CPU314以上的型号。

（4）接口模块

有三种选择：

第一种：IM365/IM365，最经济。

第二种：IM360/IM361，有一定扩展能力，可以扩展到4个机架。

第三种：IM153，CPU上需要有DP口（或者通过模块扩展DP口），有很强的扩展能力，可方便地和其他系统组网。

（5）电源模块

模块供电，外部仪表供电（确定合适的电源模块的功率）。

尽管理论上可以集中供电，即两个机架用同一个电源，但实际系统建议每个机架分别配置电源模块。需配置2块电源模块。

（6）其它附设

导轨：安装各种模块（几个机架至少几块）。

与上位机通信的接口卡：板卡式 MPI 网卡 CP5611。

编程电缆：外置，USB 或者串口连接。

内存卡：新 CPU 必须有，有不同容量，如 64kB、128kB、512kB、2MB、4MB。

总线连接器：DP 总线连接、上下位机采用网卡连接时需要，每点 1 个。

通信电缆（屏蔽双绞线）：DP 总线连接、上下位机采用网卡连接时需要。

下位机开发软件：STEP7 5. x。

上位机组态软件：WINCC。

1. 硬件结构配置

PLC 模块在安装时是有顺序要求的，每个机架从左到右分为 11 个逻辑槽号，如图 4-23 所示。电源模块需要安装在最左边的 1 号槽，2 号槽安装 CPU 模块，3 号槽安装通信接口模块，4～11 号槽可自由分配 I/O 信号模块、功能模块或扩展通信模块。需要注意的是，所提到的槽号是相对的，在机架上并不存在物理上的槽位限制。

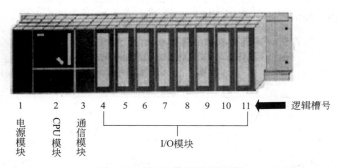

图 4-23　PLC 模块配置顺序

在实际应用中，根据客户的实际规模和要求，往往需要使用多个机架。而根据机架的数量与机架之间的距离，可以选择如下三种连接方式。

方式一：如果机架数量为 2，且机架之间的距离小于 1m，采用的连接方式如图 4-24 所示。

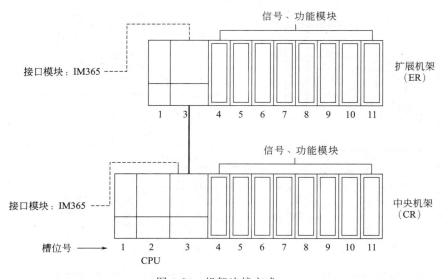

图 4-24　机架连接方式一

方式二：如果机架数量小于等于 4，且机架之间的距离小于等于 10m，采用的连接方式如图 4-25 所示。

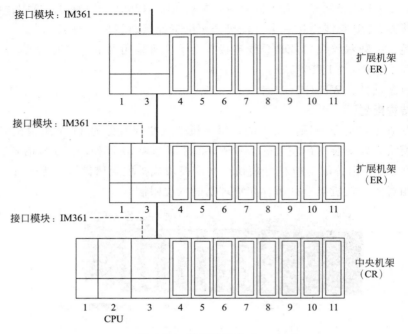

图 4-25　机架连接方式二

方式三：如果机架数量大于 4，或机架之间的距离大于 10m，需要 CPU 上集成有 DP 口或在中央机架 CR 上扩展 DP 口，其连接方式如图 4-26 所示。

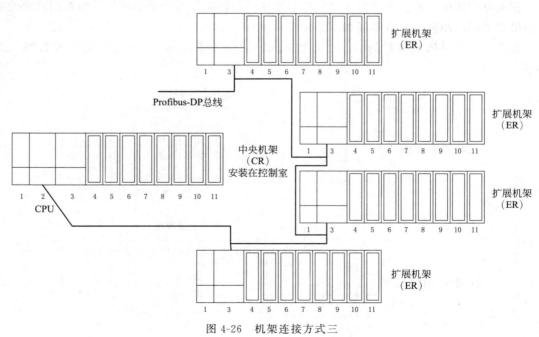

图 4-26　机架连接方式三

通过上述三种机架的连接方式，可以总结出如下的规律：若所需要的机架数量小于 4，且机架之间的距离小于 10m 时，通过选配不同型号的接口模块即可满足配置要求；但是当机架数量大于 4，或机架之间距离大于 10m 时，需要 CPU 上集成的 DP 口或中央机架上扩展的 DP 口，通过 Profibus-DP 总线进行连接。PLC 系统开发的基本流程如图 4-27 所示，从图中可以看到，在结束硬件结构配置后，需要进行 I/O 地址配置。

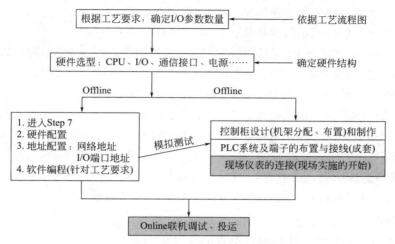

图 4-27　PLC 系统开发基本流程

2. I/O 地址配置

S7 系列 PLC 的系统内 I/O 模块分为模拟量和数字量两种类型。每个模块包含若干个通道，模块上任意通道均配置了独立的地址，应用程序需要根据这些地址实现对它们的操作。数字量 I/O 模块每个通道的地址占用一位（bit），数字量模块最大为 32 通道，模块地址最多占 4 字节。而模拟量 I/O 模块每个模拟量地址为一个字地址（2 字节），模拟量模块最大为 8 通道，模块地址最多占 16 字节。

I/O 地址的生成一般有两种方式，如图 4-28 所示。第一种是在硬件配置时，由系统提供地址，一般比较推荐使用这种方式；第二种是手动更改 I/O 地址，但这种方式只在部分 CPU 中提供。

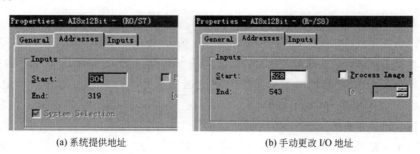

(a) 系统提供地址　　　　　　　　　(b) 手动更改 I/O 地址

图 4-28　I/O 地址配置方式

I/O 地址的配置需要注意以下事项：

① 配置 I/O 模块地址时，可以是系统提供缺省地址（初学者推荐使用），也可以是手动配置（部分 CPU 不支持该功能）；

② 不同 CPU 的最大 I/O 寻址能力是不同的，如 CPU315-2DP 可达 2kB；

③ 输入、输出的地址是不同的，即 CPU315-2DP 最大输入地址 2kB，最大输出地址也

是 2kB，实际可寻址 4kB；

④ 0～127 字节需要留给开关量模块使用。

【例 2】 某 8 通道 SM331 模块，配置地址为 256～271。

第 0～7 通道的地址分别为：256、258、260、262、264、266、268、270。

读取第 0 个通道的模拟量转换结果：L   PIW256。

读取第 7 个通道的模拟量转换结果：L   PIW270。

注：L PIW256 就是把十进制转换结果读入到累加器。用 scale 函数可以在 PLC 内部把 0～27648 还原到与变送器量程对应的工程量。

【例 3】 某 8 通道 SM332 模块，配置地址为 272～287。

把一个输出送到第 0 个输出通道：T   PQW272。

把一个输出送到第 7 个输出通道：T   PQW286。

输出过程：

① 控制策略运算结果，一般为 0～100% 的阀位；

② 调用 unscale 函数把 0～100 转换为 0～27648（十进制数）；

③ T PQW272／274……

【例 4】 某 32 通道 SM321 模块，配置地址为 0～3。

读入第 0 个通道的二进制值：A   I 0.0。

读入第 7 个通道的二进制值：A   I 0.7。

读入第 8 个通道的二进制值：A   I 1.0。

读入第 22 个通道的二进制值：

……

【例 5】 某 16 通道 SM322 模块，配置地址为 4～5。

输出一个二进制值到第 0 通道：＝   Q 4.0。

输出一个二进制值到第 7 通道：＝   Q 4.7。

输出一个二进制值到第 12 通道：

……

3. 内部寄存器

S7 系列 PLC 系统中 CPU 的寄存器有 7 个，分别是：累加器 A1、累加器 A2、状态字寄存器、地址寄存器 AR1、地址寄存器 AR2、共享数据块地址寄存器和背景数据块地址寄存器。其中累加器是负责处理字节、字和双字的通用寄存器，状态字寄存器和地址寄存器分别用于存放状态位和地址指针。

4. 存储区

S7 系列 PLC 系统内 CPU 能访问的存储区包括 P、Q、I、M、T、C、DB 块和 L 堆栈。各个储存区及对应的功能参见表 4-7。

表 4-7 可访问存储区及其功能

名　称	存储区	存储区功能
输入（I） 输出（Q）	过程输入映像表 过程输出映像表	每个扫描周期更新一次（对应开关量输入输出）。 过程输入/输出映像表分别对应外设输入/输出存储区的前 128 字节映像。 访问方式：位、字节、字、双字

名　称	存储区	存储区功能
外设输入(PI) 外设输出(PQ)	外设输入存储器 外设输出存储器	外设存储区与所有 I/O 对应,允许直接访问现场设备。 访问方式:字节、字、双字(不能访问位)
位存储区(M)		存放程序运行的标志或其他中间结果,其大小与 CPU 型号有关。 访问方式:位、字节、字、双字
数据块(DB)	数据块	数据类型、数据块大小自由定义,访问方式:位、字节、字、双字。 分共享数据块、背景数据块
定时器(T)	定时器	定时器数量与 CPU 型号有关
计数器(C)	计数器	计数器数量与 CPU 型号有关
临时本地数据 存储区(L)	L 堆栈	在 FB、FC、OB 块运行时,在块变量声明表中临时变量存放在该存储区,建 议编程时不要直接使用该存储区

在实际应用中,主要关心哪些存储区能够按位访问,哪些不能。其中,外设 I/O 模块与存储区有二种映射关系,分别为外设输入输出存储区(PI、PQ)和输入输出映像区(I、Q)。外设输入输出存储区包括了外设输入(PI)和外设输出(PQ),不能逐位访问,其它都可以。而输入输出映像区包括了输入过程映像表(I)和输出过程映像表(Q)。输入映像表为 128 字节,是 PI 首 128 字节的映像;输出映像表也是 128 字节,是 PQ 首 128 字节的映像。这两段地址一般作为开关量输入、输出模块的 I/O 地址并能够逐位访问。输入映像和输出映像的例子分别如图 4-29 和图 4-30 所示。

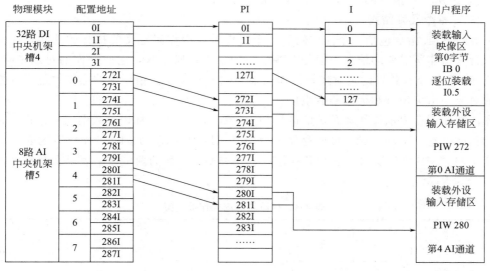

图 4-29　输入映像示例

三、STL 简介

和大部分的计算机系统类似,SIMATIC S7 系列 PLC 也有属于自己的用户程序开发软件包:STEP7。S7 系列 PLC 的编程语言有很多种类,包括 LAD(梯形图)、STL(语句表)、FBD(功能块图)、SCL(标准控制语言)、C for S7(C 语言)等,用户可以选择一种语言编程,也可混合使用几种语言编程。但较为常用的编程语言是 LAD(梯形图)和 STL

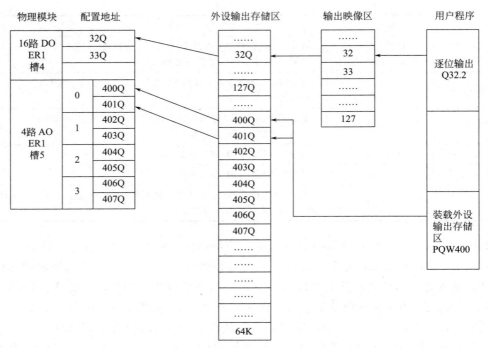

图 4-30 输出映像示例

（语句表，适用于模拟量的解算）。本小节主要对 STL 进行介绍。

1. STL 指令及其结构

一般的 STL 指令包括一个操作码和一个操作数，操作码定义要执行的功能，而操作数对应执行该操作所需要的信息。但是有些语句指令不带操作数，它们操作的对象是唯一的。比如说 NOT 指令，其目的是对逻辑操作结果（RLO）取反。指令中的操作数是指令操作和运算的对象，由标识符和标识参数组成。

操作数标识符表示操作数存放的区域和操作数的类型，而标识参数则表示操作数在存储区域的具体位置。不同存储区域的存储类型会有所区别，参见表 4-8。操作数的表示方法可参照图 4-31，MB 为标识符，表示其存储区域和类型；后面的两位数字表示在存储区的具体位置。

表 4-8 存储区对应操作数类型

存储区域	位		字节		字		双字	
输入映像区（I）	√	I	√	IB	√	IW	√	ID
输出映像区（Q）	√	Q	√	QB	√	QW	√	QD
位存储区（M）	√	M	√	MB	√	MW	√	MD
外部输入存储区（PI）			√	PIB	√	PIW	√	PID
外部输出存储区（PQ）			√	PQB	√	PQW	√	PQD
数据块（用"OPN DB"打开）	√	DBX	√	DBB	√	DBW	√	DBD
数据块（用"OPN DI"打开）	√	DIX	√	DIB	√	DIW	√	DID
临时堆栈（L）	√	L	√	LB	√	LW	√	LD

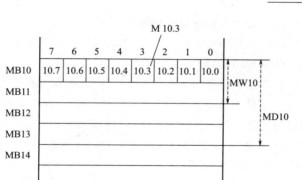

图 4-31　存储区操作数示例

2. 寻址方式

操作数是指令的操作或运算对象，而寻址方式是指令得到操作数的方式。通常有四种寻址方式：立即寻址、存储器直接寻址、存储器间接寻址和寄存器间接寻址。

（1）寻址方式一：立即寻址

立即寻址是对常数或常量的寻址方式，常见的常数表示类型参见表 4-9。对于立即寻址而言，操作数本身包含在指令中，例如：

```
SET                    //把 RLO(Result of Logic Operation)置"1"
    L    27            //把整数 27 装入累加器 1
    L    C＃0100       //把 BCD 码常数 0100 装入累加器 1
```

表 4-9　常见的常数表示类型

类型	操作数标识符	L 指令示例	L 指令说明
16 位常整数	+，−	L　−3	装入 16 位常整数
32 位常整数	L＃＋，L＃−	L　L＃＋3	装入 32 位常整数
字节	B＃(……)	L　B＃(10,20)	累加器装入 2 个独立字节,20 装入 A1 低字节,10 装入 A1 高字节
		L　B＃(2,3,4,5)	累加器装入 4 个独立字节,5 装入 A1 低字节,2 装入 A1 高字节
16 进制数	16＃……	L　B＃16＃1A	装入 8 位 16 进制常数
		L　W＃16＃1A2B	装入 16 位 16 进制常数
		L　DW＃16＃1A2B3C4D	装入 32 位 16 进制常数
2 进制数	2＃……	L　2＃10100001111	装入 2 进制常数
字符		L　'A'	装入一个字符
实数		L　1.2E-002	装入一个实数(0.012)
地址指针	P＃……	L　P＃ I 1.0	装入 32 位指向 I1.0 的指针
		L　P＃8.6	装入 1 个地址指针,地址为 8.6

（2）寻址方式二：存储器直接寻址

存储器直接寻址，是在指令中直接给出操作数的存储单元地址，例如：

```
A    I0.0      //对输入位 I0.0 进行"与"逻辑操作
S    L20.0     //把本地数据位 L20.0 置 1
```

```
=    M115.4      // 将 RLO 的内容传给位存储区中的位 M115.4
L    DB1.DBD12   //把数据块 DB1 双字 DBD12 中的内容传送给累加器 1
```

（3）寻址方式三：存储器间接寻址

存储器间接寻址，是令标识参数由一个存储器给出，存储器的内容对应该标识参数的值（该值又称为地址指针）。这种方式区别于存储器直接寻址，如图 4-32 所示。该寻址方式能动态改变操作数存储器的地址，常用于程序循环。例如：

```
A    I[MD 2]     //对由 MD 2 指出的输入位进行"与"逻辑操作,如 MD 2 值为 2#0000 0000
```
0000 0000 0000 0000 0101 0110 表示 I 10.6
```
L    IB[DBD 4]   //将由双字 DBD 4 指出的输入字节装入累加器 1,如 DBD 4 值为 2#0000
```
0000 0000 0000 0000 0000 0101 0000 表示对 IB10 操作
```
OPN  DB[MW 2]    //打开由字 MW2 指出的数据块,如 MW2 为 3,则打开 DB3
```

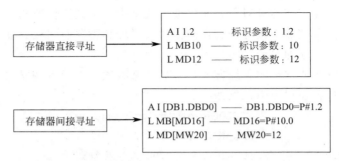

图 4-32　存储器直接寻址和间接寻址的区别

通常寄存器间接寻址的地址指针有两种表述方式，分别为字地址指针和双字地址指针，如图 4-33 所示。特别需要注意，采用双字格式访问字节、字和双字存储器时，必须保证位编号为 0。

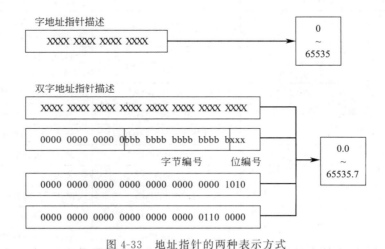

图 4-33　地址指针的两种表示方式

寄存器间接寻址的操作可参考下面的例子：

```
L +5             //将整数 +5 装入累加器 1
T  MW0           //将累加器 1 的内容传送给存储字 MW0,此时 MW0 内容为 5
OPN DB[MW0]      //打开由 MW0 指出的数据块,即打开数据块 5(DB5)
```

L P#8.7　　//将地址指针 2#0000 0000 0000 0000 0000 0000 0100 0111 装入 A1

T MD2　　//将累加器 1 的内容 P#8.7 传送给位存储区中的 MD2

L P#4.0　　//将 2#0000 0000 0000 0000 0000 0000 0010 0000 装入 A1;

　　　　　　　　累加器 1 原内容 P#8.7 被装入累加器 2

　+I　　　　//将累加器 1 和累加器 2 内容整数相加,在累加器 1 中得到的"和"为 2#0000
0000 0000 0000 0000 0000 0110 0111(P#12.7)

T MD6　　//将累加器 1 的当前内容传送 MD6(12.7)

A I[MD2]　//对输入位 I8.7 进行"与"逻辑操作,结果存放在 RLO 中

=　 Q[MD6]　//将 RLO 赋值给输出位 Q12.7

（4）寻址方式四：寄存器间接寻址

寄存器间接寻址是通过 S7 PLC 中的两个地址寄存器（AR1 和 AR2），将地址寄存器的内容加上偏移量得到地址指针。例如：

L P#8.6　　　　　　　//将 P#8.6 装入 A 1

LAR1　　　　　　　　//将累加器 1 的内容传送至地址寄存器 1

L　P#10.0　　　　　　//将 P#10.0 装入 A1

LAR2　　　　　　　　//将累加器 1 的内容传送至地址寄存器 2

A　 I[AR1,P#1.0]　　//AR1 + 偏移量(9.6)

=　　 Q[AR2,P#4.1]　//AR2 + 偏移量(14.1)

上面这是区域内寄存器间接寻址，指令中给出存储区域标识。

L　P#I8.6　　　　　　　//将指向 I8.6 的地址指针装入 A1

LAR1　　　　　　　　//将累加器 1 的内容传送至地址寄存器 1

L　P#Q10.0　　　　　　//将指向 Q10.0 的地址指针装入 A1

LAR2　　　　　　　　//将累加器 1 的内容传送至地址寄存器 2

A　 [AR1,P#1.0]　　//AR1 + 偏移量(9.6)

=　　 [AR2,P#4.1]　　//AR2 + 偏移量(14.1)

这是区域间寄存器间接寻址，存储区域的信息包含在地址指针中。对于存储器地址指针的描述如图 4-34 所示，而存储区域对应标识符可参见表 4-10。

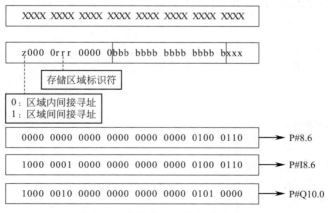

图 4-34　存储器地址指针描述方法

表 4-10 存储区域对应标识符

区域标识符	存储区	rrr(26、25、24 位)
P	外设 I/O	000
I	输入映像区	001
Q	输出映像区	010
M	位存储区	011
DBX	数据块	100
DIX	数据块	101
L	临时堆栈	111

【例 6】 把地址为 0.0 开始的 64 个开关量输入信号采用循环方式逐个转存到 DB1，存放位置为由 DB1.DBX10.0 开始的 64 个位，其中 loopcounter 为整型临时变量。

```
        L       P＃0.0
        LAR1
        L       P＃10.0
        LAR2
        L       64
n1:     T       ＃loopcounter
        OPN     DB1
        CLR
        A        I[AR1,P＃0.0]
        =        DBX[AR2,P＃0.0]
        L       P＃0.1
        +AR1
        L       P＃0.1
        +AR2
        L       ＃loopcounter
        LOOP    n1 //累加器 A1 减 1,A1 不为 0,则循环到 n1
```

【例 7】 把地址为 256.0 开始的 32 个模拟量输入信号采用循环方式逐个转存到 DB2，存放位置为由 DB2.DBD200 开始的 32 个浮点数。

```
        L    P＃256.0
        LAR1
        L    P＃200.0
        LAR2
        L    32
n1:     T   ＃loopcounter
        OPN  DB2
        L    PIW [AR1,P＃0.0]
        T   ＃Dec _In
   CALL  "SCALE"
        IN              : = ＃Dec_in
        HI_LIM   : = 2.000000e + 002
```

```
        LO_LIM    : = 0.000000e + 000
        BIPOLAR : = FALSE
        RET_VAL : = #ret
        OUT          : = #In_result
  L   #In_result
  T   DBD[AR2,P#0.0]
      L     P#2.0
      + AR1
  L   P#4.0
      + AR2
      L       #loopcounter
      LOOP    n1
```

3. 状态字

状态字表示 CPU 执行指令时所具有的状态，其表示方式如图 4-35 所示。用户程序可以访问和检测状态字，并可以根据状态字中的某些位决定程序的走向和进程。

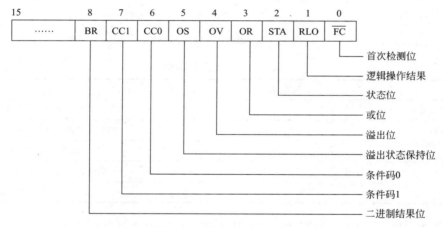

图 4-35　状态字表示方式

其中，状态字字位为"0"的称为首次检测位（FC），FC 决定位逻辑操作指令中操作数的存放位置。在逻辑串指令执行过程中，若 FC=0，表明一个梯形逻辑网络的开始（或为首条逻辑串指令），CPU 对操作数的检测结果（首次检测结果）直接保存在状态字的 RLO 位中，FC 位置 1；若 FC=1，检测结果与 RLO 相运算，并把运算结果存于 RLO。在执行输出指令（S、R、=）或与逻辑运算有关的转移指令时，FC 被清 0，表示逻辑串结束。特别注意 OMRON PLC 没有这个位，因为 OMRON 有 LD 和 LD NOT。

状态字中的第 1 位称为逻辑操作结果（Result of Logic Operation，RLO），其作用是存储位逻辑指令或算术比较指令的结果，所有的逻辑运算结果均放在此处。图 4-36 展示了 FC 和 RLO 的变化过程。

4. 位逻辑运算指令

PLC 中的触点包括了常开触点（动合触点）和常闭触点（动断触点）两种形式。对于常开触点来说，操作数"1"表示触点动作，对应状态为闭合；操作数"0"则对应触点不动作，状态为断开。对于常闭触点来说，操作数对应的触点动作相同，而触点状态则相反。

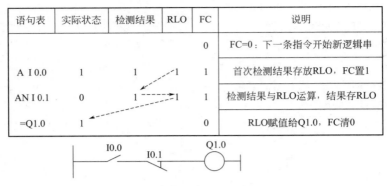

语句表	实际状态	检测结果	RLO	FC	说明
				0	FC=0：下一条指令开始新逻辑串
A I 0.0	1	1	1	1	首次检测结果存放RLO，FC置1
AN I 0.1	0	1	1	1	检测结果与RLO运算，结果存RLO
=Q1.0	1			0	RLO赋值给Q1.0，FC清0

图 4-36　FC 和 RLO 变化过程

位逻辑运算指令主要包括以下几种。

（1）串联逻辑 A、AN，程序示例如图 4-37 所示，对应的指令及其含义参见表 4-11。

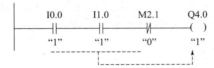

图 4-37　串联逻辑程序示例

表 4-11　串联逻辑指令

语句表	实际状态	检测结果	RLO	FC	说明
				0	下一条指令表示一新逻辑串开始
A　I0.0	1	1	1	1	首次检测结果 RLO，FC 置 1
A　I1.0	1	1	1	1	检测结果与 RLO"与"运算
AN　M2.1	0	1	1	1	实际状态与 RLO"与非"运算
＝　Q4.0	1			0	RLO——Q4.0，FC 清 0

（2）并联逻辑 O、ON，梯形图程序可参考图 4-38，对应指令参见表 4-12。

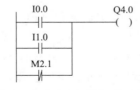

图 4-38　并联逻辑程序示例

表 4-12　并联逻辑指令

语句表	实际状态	检测结果	RLO	FC	说明
				0	以下是新逻辑串的开始
O　I0.0	0	0	0	1	首次检测结果 RLO，FC 置 1
O　I1.0	1	1	1	1	检测结果与 RLO 运算，存 RLO
ON　M2.1	1	0	1	1	实际状态与 RLO 运算，存 RLO
＝　Q4.0	1			0	RLO 赋值给 Q4.0，FC 清 0

（3）输出指令（＝），该操作是把状态字中 RLO 的值赋给指定的操作数（位地址）。通过将首次检测位（FC 位）置 0，可以结束一个逻辑串。而且一个 RLO 可以驱动多个输出元件，其程序可参考图 4-39。

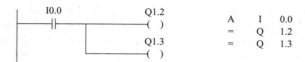

图 4-39 输出指令程序示例

（4）置位/复位指令是根据 RLO 的值，来决定被寻址位的信号状态是否需要改变。若 RLO 的值为 1，被寻址位的信号状态被置 1 或清 0；若 RLO 是 0，则被寻址位的信号保持原状态不变。该指令又被称为静态置位/复位指令，可参见表 4-13。

表 4-13 置位/复位指令示例

指令格式	指令示例	说明
S＜位地址＞	S Q0.2	RLO 为 1,则被寻址信号状态置 1; 即使 RLO 又变为 0,输出仍保持为 1; FC 清 0
R＜位地址＞	R M1.2	RLO 为 1,则被寻址信号状态置 0; 即使 RLO 又变为 0,输出仍保持为 0; FC 清 0

5. 数值操作运算指令和跳转指令

数值操作运算指令是指按照字节、字和双字对存储区进行访问和运算的指令，通常包括了装入和传送指令、比较指令、算术运算指令和字逻辑运算指令。具体指令及其功能可参见表 4-14。

表 4-14 常用的数值操作运算指令及其功能

功能	操作码	指令示例	说明
累加器装入 和传送	L	L 20	将常数 20 装入累加器 1
	T	T MW0	将累加器 1 中内容传送至位存储区的 MW0
地址寄存器 装入和传送	—	LAR1(LAR2)	将操作数内容装入 AR1(AR2),若没有给出操作数则将 A1 内容装入 AR1(AR2)
	—	TAR1(TAR2)	将 AR1(AR2) 的内容传送给存储区或 AR2(AR1),若没有给出操作数则传送给累加器 1
	—	CAR	交换 AR1 和 AR2 的内容
比较指令	==、< > >、< >=、<=	> I > D > R	I 为整型数比较,D 为长整数比较,R 为浮点数比较。若 A2 内容大于 A1,RLO 置"1",反之置"0"
参数运算 (16 位整数)	+I −I *I /I		A2＋A1,16 位结果(A1 低); A2−A1,16 位结果(A1 低); A2×A1,32 位结果(A1); A2÷A1,16 位商(A1 低),余数(A1 高)

功能	操作码	指令示例	说明
长整数运算 （32 位整数）		+D －D ＊D /D MOD +	A2+A1,32 位和(A1)； A2－A1,32 位差(A1)； A2×A1,32 位积(A1)； A2÷A1,32 位商(A1),余数不存在； A2÷A1,32 位余数(A1),商不存在； A1(16 位或 32 位)+整数常数,结果(A1)
浮点数运算		+R －R ＊R /R ARS	A2+A1,32 位和(A1)； A2－A1,32 位差(A1)； A2×A1,32 位积(A1)； A2÷A1,32 位商(A1)； 对 A1 的 32 位实数取绝对值,结果(A1)
字逻辑运算		AW、OW、XOW、 AD、OD、XOD	对 A1 和 A2 中的字或双字逐位进行逻辑运算,结果 (A1)

跳转指令也是常用功能指令的一种，主要用于需要进行较复杂功能的程序设计，参见表 4-15。跳转指令的作用是令 PLC 根据不同条件，选择不同的程序段去执行程序。常用到的跳转指令包括了 JC、JCN 和 JU 等。其中 JC 指令是当上一条指令结束后根据 RLO 的状态进行程序的执行，若 RLO 为"1"时跳转至标注的程序段。JCN 指令与其相反，当 RLO 为"0"时跳转至标注的程序段。而 JU 是无条件跳转指令，与前面的程序段逻辑没有关系，无条件跳转至标注的程序段。

表 4-15　常用的跳转指令

操作码	指令示例	说明
JC	JC　N	RLO 为"1"时,跳转至"N"处
JCN	JCN　N	RLO 为"0"时,跳转至"N"处
JU	JU　N	直接跳转至"N"处

四、程序结构

S7 系列 PLC 采用的编程软件 STEP7，目前有两种编程方法：线性编程和结构化编程，如图 4-40 所示。线性编程是将整个用户程序指令逐条编写在一个连续的指令块中，CPU 线性或顺序地扫描程序中的每条指令。这种程序结构最初是模拟继电器梯形图模型，适用于比较简单的控制任务。而结构化编程方法更适合编制组织复杂的应用程序，它允许把整个应用程序划分成若干个模块，通过一个主程序来对这些模块进行组织和调用，如图 4-41。在开发 S7 PLC 的应用程序时，通常都会采用结构化编程方法。

1. 数据块

在 S7 系列 PLC 的数据块中，可定义的数据类型包括：bool、byte、int、dint、real、date、time 等基本数据类型，以及数组、结构等复式数据类型。数据块定义遵循以下几条原则：先定义后才可以访问；允许建立不同大小的数据块，以序号作为区分；不同的 CPU 对允许定义的数据块数量及数据总量有限制。例如，CPU 314 允许定义用作数据块的存储器

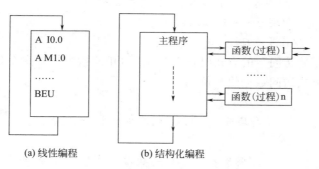

图 4-40　STEP7 编程执行过程

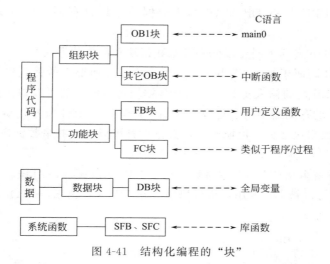

图 4-41　结构化编程的"块"

最多 8kB，用户定义的数据总量不能超过 8kB，否则将造成系统错误。数据块有 2 种定义方式：

第一种是用 STEP7 开发软件包定义，使用前作为用户程序的一部分下载到 CPU，如图 4-42 所示。

第二种是在程序运行过程中通过系统函数动态定义数据块。但这种定义方式需要慎用，因为若出现定义不当将导致程序崩溃。

Address	Name	Type	Start value	Comment
0.0		STRUCT		
+0.0	pump0	BOOL	TRUE	0#泵的开关状态
+0.1	pump1	BOOL	FALSE	1#泵的开关状态
+1.0	tmp0	BYTE	B#16#0	
+2.0	T0	REAL	0.000000e+000	温度
=6.0		END_STRUCT		

图 4-42　数据块定义

S7 系列 PLC 有两种访问数据块的方式，分别为"直接访问"和"先打开后访问"。在采用前者访问数据块时，由于可能定义了多个不同种类的数据块，所以需要在指令中写明数据块号、类型和位置。例如：

```
L   DB1.DBD2          //块号——1,双字,数据块中2~5字节
A   DB1.DBX2.2        //块号——1,位,2字节第2位
L   "Temp".T0         //符号地址
```

当采用"先打开后访问"的方式时,需要先用 OPN 指令打开这个数据块,再通过起始地址加上偏移量的方式访问数据块。例如:

```
OPN  DB 1
L    DBD 2                    //块号——1,双字,数据块中2~5字节
OPN  DI2
T    DBD 4                    //块号——2,双字,数据块中4~7字节
```

需要特别注意的是,数据块并没有专门的关闭指令,在打开一个新块时,先前打开的块将自动关闭。由于 CPU 只有 DB 和 DI 两个数据块地址寄存器,所以最多可同时打开两个块。

数据块根据打开方式的不同可以分为背景数据块和共享数据块。

其中背景数据块附属于某个 FB 块,数据块与某 FB 块要求的输入输出数据格式完全相符,可以理解为某 FB 块的输入实参。而共享数据块定义的数据可以被任何块读写访问。

数据块在 CPU 的存储器中其实是没有区别的,只是由于打开方式不同,才在打开时有背景数据块和共享数据块之分。但原则上,数据块都可以当作共享数据块使用。

2. 逻辑功能块

S7 PLC 有两种逻辑功能块 FB 和 FC,程序可以放在任意的组织块 OB 和逻辑块 FB、FC 中。FB、FC 都可以被 OB 调用,也可以被其它 FB、FC 调用,但 OB 块不能被其它逻辑块调用,如图 4-43 所示。

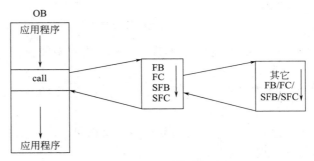

图 4-43 逻辑功能块调用

FC 功能块和 FB 功能块均由两个主要部分组成:一是变量声明表;二是应用程序。如图 4-44 和图 4-45 所示。

逻辑功能块的变量分为以下几种:

in、out、in_out:用于实现调用块和被调用块间的数据传递。在调用功能块时给出;实参的数据类型必须与形参一致。

stat:静态变量被定义在背景数据块中。当被调用块运行时,能读出或修改背景数据块中的静态变量;被调用块运行结束后,静态变量保留在背景数据块中。

temp:临时变量仅在逻辑块运行时有效,逻辑块结束时存储临时变量的内存被操作系统另行分配。

FB、FC 的调用可参考下述例子:

Address	Declaration	Name	Type	Start value	Comment
0.0	in	a1	INT		
2.0	in	a2	INT		
4.0	out	b1	REAL		
8.0	in_out	c1	REAL		
0.0	temp	d1	INT		

(a) 变量声明表

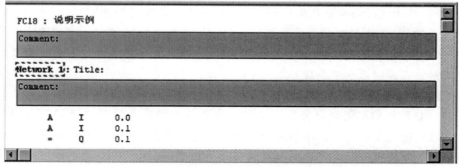

(b) 应用程序

图 4-44　FC 功能块组成

Address	Declaration	Name	Type	Start value	Comment
0.0	in	a1	INT	0	
2.0	in	a2	INT	0	
4.0	out	b1	REAL	0.000000e+01	
8.0	in_out	c1	REAL	0.000000e+01	
12.0	stat	e1	BOOL	FALSE	
13.0	stat	e2	BYTE	B#16#0	
0.0	temp	d1	INT		

(a) 变量声明表

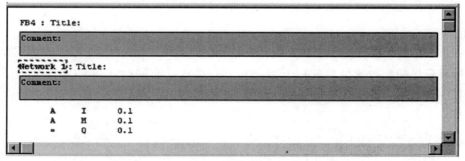

(b) 应用程序

图 4-45　FB 功能块组成

（1）FB 块的调用

```
CALL  FB4,  DB33
    a1 : =
    a2 : =
    b1 : =
    c1 : =
```

注意：DB33 中的数据结构应与 FB4 中的变量申明表结构（除 temp 变量）完全相同。

（2）FC 块的调用

```
CALL        FC1
        a1: = DB1.DBD0.0
        a2: = DB2.DBW6.0
        b1: = DB10.DBX5.6
        c1: = MW12
```

注意：FC 功能块没有背景数据块，调用时赋实参（数据类型相同）。

需要注意的是，FB、FC 可以定义多个，以序号作为区分。且 S7 系列 CPU 中可使用的块堆栈（B 堆栈）大小是有限制的，S7-300 CPU 可在 B 堆栈中存储 8 个块的信息，因此在控制程序中最多可同时激活 8 个块。

3. 组织块及中断优先级

DB/FB/FC 可以根据需要定义，以序号区分同一类的块并没有"贵贱"之别。而组织块 OB 也可以根据需要定义，以序号区分，但不同的块功能不同，且有"优先级"之别。每一个 OB 可以对应一种中断，不同的 OB 对应不同的优先级，其中 OB1 是主循环块，任何 S7 系列 PLC 系统都需要 OB1，所以优先级最低。部分 OB 块的优先级可参考表 4-16。

表 4-16　部分 OB 块的优先级

OB 块	说明	优先级
OB1 主循环	基本组织块，循环扫描	1（最低）
OB10 时间中断	根据设置的日期、时间定时启动	2
OB20 延时中断	受 SFC22 控制启动后延时特定时间允许	3
OB35 循环中断	根据特定的时间间隔允许	12
OB40 硬件中断	检测到外部模块的中断请求时允许	16
OB80～OB87 异步错误中断	检测到模块诊断错误或超时错误时启动	26
OB100 启动	当 CPU 从 STOP 状态到 RUN 状态时启动	27

注意事项：

① 一个 OB 块可以形成一个程序链（OB 调用 FB/FC，FB/FC 调其它 FB/FC）。

② 所有程序的临时变量存放在 L 堆栈中，L 堆栈是有限的，如 CPU 314 的 L 堆栈为 1536 字节，供程序中的所有优先级划分使用。优先级 L 堆栈的分配可参考图 4-46。

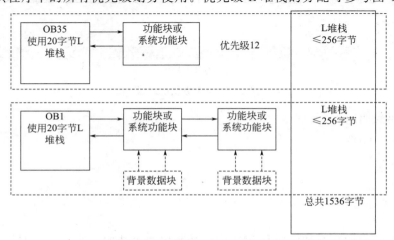

图 4-46　优先级 L 堆栈的分配

③ 对于 CPU 314，允许每个优先级及所有嵌套调用中激活块的自定义临时变量总数不能超过 236 字节（有 20 字节被 OB 自己占用了），否则 L 堆栈会溢出，导致 CPU 由 RUN 模式变为 STOP 模式。

在实际的使用中，主要会用到用初始化块（OB100）、主循环块（OB1）和循环中断（OB35），其关系如图 4-47 所示。三种组织块的作用如下：

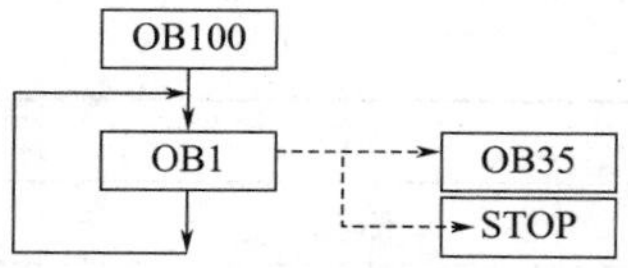

（1）初始化块（OB100）

当 PLC 从 STOP 状态切换到 RUN 状态后，CPU 首先调用 OB100 一次，OB100 调用结束后，操作系统开始进入程序运行，若没有 OB100，则系统不对任何参数进行初始化。

图 4-47 三种组织块调用关系

（2）主循环块（OB1）

OB1 是最基本的组织块。当 OB100 调用结束后，操作系统开始周而复始地调用 OB1，这称为扫描循环。我们将调用 OB1 的时间间隔称为扫描周期，扫描周期的长短主要由 OB1 中的程序执行所需时间决定。在系统中 OB1 必须存在，但不一定需要放置代码。实际操作中为了防止程序陷入死循环，可以设置主循环的最长时间。在正常情况下，扫描周期小于该时间，如果扫描周期大于主程序最大允许循环时间，操作系统调用 OB80（循环时间超时），若 OB80 中未编写程序，CPU 将转入停止（STOP）状态。

（3）循环中断（OB35）

S7-300 PLC 允许设计一个以固定间隔运行的定时中断组织块 OB35，定时时间间隔可以在 1ms～1min 的范围内设置。当允许循环中断时，OB35 以固定的间隔循环运行，但要求确保设置的定时时间间隔大于 OB35 的执行时间，否则将造成系统异常，此时操作系统将调用异步错误 OB80。

4. 逻辑块的调用关系

各种类型的逻辑块在实际应用中的调用关系可参考图 4-48。

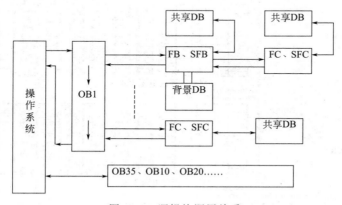

图 4-48 逻辑块调用关系

五、S7 PLC 的网络通信

现代计算机控制系统已不再是自动化的"孤岛"，而是集过程控制、生产管理、网络通信、IT 技术等为一体的综合自动化系统，系统最主要的结构特征表现为一个多层次的网络体系。例如 S7 系列 PLC 的网络功能很强，它可以适应不同控制需要的网络体系，也为各个网络层次提供互联模块或接口装置，通过通信子网把 PLC、PG、PC、OP 及其它控制设备互联起来。

S7 PLC 可以提供的通信方式包括 MPI（Multipoint Interface）、Profibus-DP 和 Industrial Ethernet。这 3 种通信方式都有各自的技术特点和不同的适应面，参见表 4-17。

表 4-17　通信子网主要特征

特征	MPI	Profibus-DP	Industrial Ethernet
标准	SIEMENS	EN50170 Vol. 2	IEEE802.3
介质访问技术	令牌环	令牌环＋主从式	CSMA/CD
传输速率	187.5Kbit/s	9.6Kbit/s～12Mbit/s	10Mbit/s/100Mbit/s
常用传输介质	屏蔽 2 芯电缆 塑料光纤 玻璃光纤	屏蔽 2 芯电缆 塑料光纤 玻璃光纤	屏蔽双绞线 屏蔽同轴电缆 玻璃光纤
最大站点数	32	127	＞1000
拓扑结构	总线型、树型、星型、环型		
通信服务	S7 函数、GD	S7 函数、DP、FDL 等	S7 函数、TCP/IP 等
适用范围	现场设备层、控制单元层		控制层、管理层

1. PLC 机架的三种通信（集成）方式

PLC 机架有三种通信方式：IM365/IM365——本地集成一；IM360/IM361——本地集成二；IM153——分布式 I/O。如图 4-49 所示为 PLC 机架安装示例。

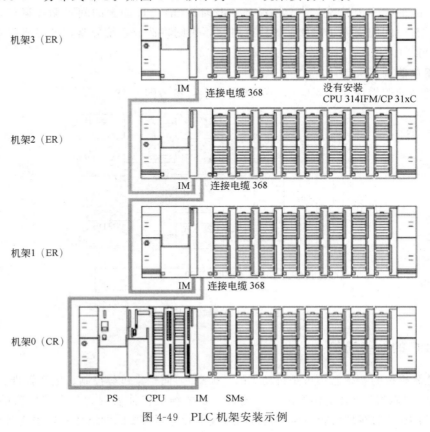

机架3（ER）

IM　连接电缆 368　　　没有安装
CPU 314IFM/CP 31xC

机架2（ER）

IM　连接电缆 368

机架1（ER）

IM　连接电缆 368

机架0（CR）

PS　　CPU　　IM　SMs

图 4-49　PLC 机架安装示例

2. PLC 与上位机的三种通信方式

PLC 与上位机之间的通信方式有 MPI（Multipoint Interface）、Profibus-DP 和 Industrial Ethernet 三种方式。

（1）MPI 通信

MPI 子网的物理层符合 RS485 标准，是一种低成本的网络系统，可以用于连接多个不同的 CPU 或设备，如图 4-50 所示。目前多数 SIMATIC 产品都集成有 MPI 接口。

在一个 MPI 网中最多允许连接 32 个网络站点，它的传输速率是 187.5Kbit/s，因此，MPI 子网主要适用于站点数不多、数据传输量不大的应用场合。但 MPI 连接距离有限，从第一个节点到最后一个节点最长距离仅为 50m。对于要求较大区域的信号传输，可以采用两个中继器将 MPI 通信电缆最大长度延伸到 1100m，如图 4-51 所示。

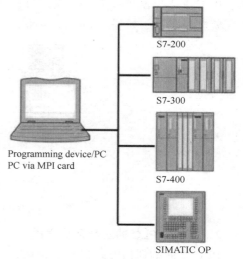

图 4-50　MPI 通信示意图

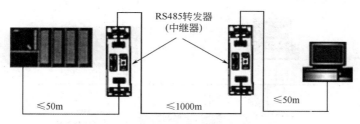

图 4-51　MPI 扩展

（2）Profibus-DP 通信

Profibus-DP 通信是一种开放式、标准化的高速现场总线技术，如图 4-52。使用这种通信方式需要 CPU 上有 DP 接口，可以是集成的，也可以是扩展的（如 CP342-5）。Profibus-DP 通信的最大站点数为 127，最大通信距离（不加中继器）为 1200m，最大通信距离与通信波特率有关。另外，OS 需要配置接口卡（如 CP5611 等），且需要软件支持。

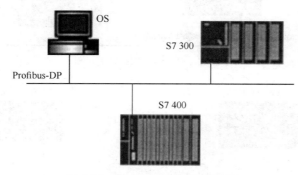

图 4-52　Profibus-DP 通信示意图

（3）Industrial Ethernet 通信

Industrial Ethernet 通信方式主要被运用于有大量数据交换需求的场所，如图 4-53 所示。PLC 上需要配置以太网扩展接口模块（如 CP343-1 等），OS 上可以用普通网卡，但同样需要软件支持（如基于 OPC 的通信支持软件包）。

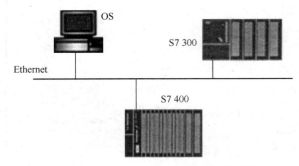

图 4-53　Industrial Ethernet 通信示意图

3. PLC 与 PLC 的三种通信方式

PLC 之间的通信方式包括了 MPI、Profibus-DP 和 DP coupler 通信（如图 4-54～图 4-56 所示）。前两种通信方式与之前介绍的上位机通信方式类似。需要特别注意的是，DP coupler 通信的数据只需要在 DP coupler 上进行配置，即可实现自动通信，但是需要保证发送方与接收方的数据长度一致。

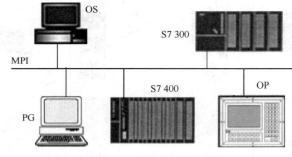

图 4-54　MPI 通信示例

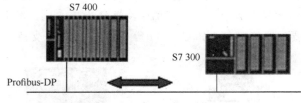

图 4-55　Profibus-DP 通信示例

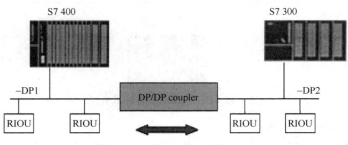

图 4-56　DP coupler 通信示例

4. PLC 与其他协议的通信

S7 系列 PLC 使用时也会需要和其他协议进行通信，例如 RS232、RS422 和 RS485。通常采用的通信方式为 Profibus-DP 通信，如图 4-57 和图 4-58 所示。

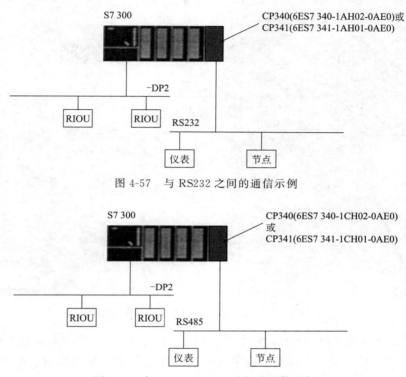

图 4-57　与 RS232 之间的通信示例

图 4-58　与 RS422/RS485 之间的通信示例

第三节　案例展示：基于 PLC 的温度过程控制系统设计

一、实验案例目的

通过本节实验案例"基于 PLC 的温度过程控制系统设计"的学习，可以掌握 PLC I/O 口的分配、设置，加强对于西门子 S7-300 系列的硬件模块的理解；学会使用 SIMATIC MANAGER 进行 S7-300 系列的硬件组态和下装；掌握 STEP7 编程软件的基本操作，以及用户程序的编写和调试。

二、实验仪器设备

装有 STEP7 软件的电脑一台，S7-300 PLC 一套，TS3 模拟量温度控制实验板（由沈阳旭风电子科技开发有限公司提供）以及导线若干。

三、实验内容及步骤

（一）认识 TS3 模拟量温度控制实验板

本次实验采用的是沈阳旭风电子科技开发有限公司生产的 TS3 模拟量温度控制实验板，

实物图如图 4-59 所示。

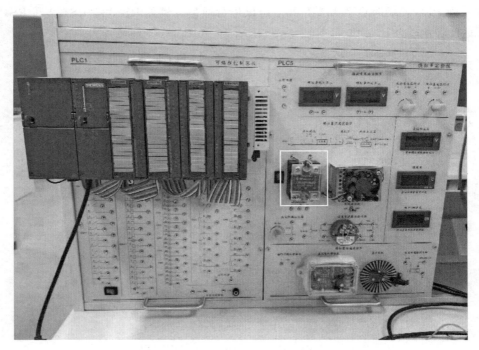

图 4-59　TS3 模拟量温度控制实验板的实物图

实验板的左半区是 PLC 与其接线端口，包括电源端口。四个模块从左到右依次是 DI 模块、DO 模块、AI 模块和 AO 模块。右半区内装有各类仪表、加热模块、电扇以及温度变送器等。右半区最底端的模拟量转速试验区与本实验无关，但一经供电，直流电机就会旋转，产生较大噪声。因此，实验时可先将模块供电部分的正极接地，停止模块供电。（图中方框圈出的加热模块部分带有高压电，通电时请勿接触这个部分！）

TS3 模拟量温度控制实验板的接线端口如图 4-60 所示，其中阴影部分是以下实验中可能需要连接的端口。在连接之前，请务必确认元件是否正常工作，供电部分是否有电。

（二）利用 STEP7 软件建立与 PLC 的通信连接，并进行 I/O 模块的配置

1. 硬件准备

需要准备专用的西门子 MPI 编程电缆及适配器，在使用前应先将 S7-300PLC 连接至电脑，并采用 PC 中安装的 STEP7 软件对 PLC 进行编程。

2. 连接设置

① 本实验使用的通信方式是 MPI 方式，点击"开始"→"设置"→"控制面板"，打开"设置 PG/PC 接口"，如图 4-61。

② 然后在"应用程序访问点"选择"S7ONLINE（STEP 7）--> PC Adapter（Auto）"，设置连接方式；在"为使用的接口分配参数"中选择"PC Adapter（Auto）"，如图 4-62。

③ 点击"属性"，设置电脑端 MPI 地址为 0（默认值）即可，如图 4-63。

④ 最后"启动网络监测"，查看是否与 PLC 通信成功。通信检测正常时，会出现图 4-64 所示的提示窗口。

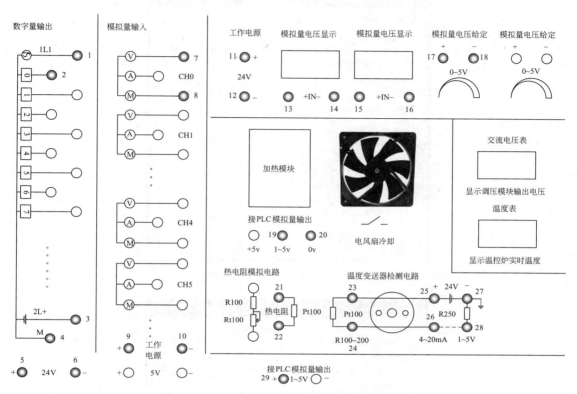

图 4-60　TS3 模拟量温度控制实验板接线端口图

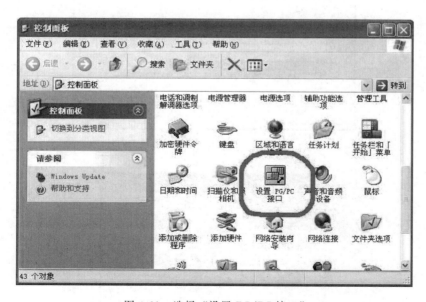

图 4-61　选择"设置 PG/PC 接口"

图 4-62　设置访问点、为接口分配参数

图 4-63　设置电脑 MPI 地址

图 4-64　通信正常提示窗口

3. 新建工程

① 打开 STEP7 软件，点击左上角"File"→"New Project Wizard"，点击"Next"，如图 4-65 所示。

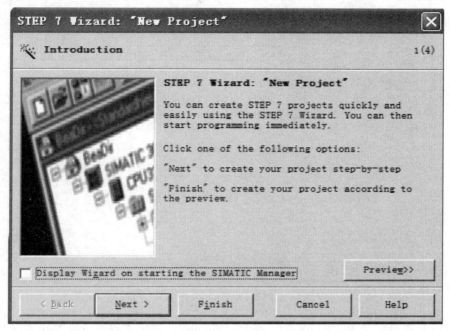

图 4-65　建立新工程

② 在 CPU 类型里选择本实验 PLC 的 CPU "CPU315-2 DP"，点击"Next"，如图 4-66 所示。

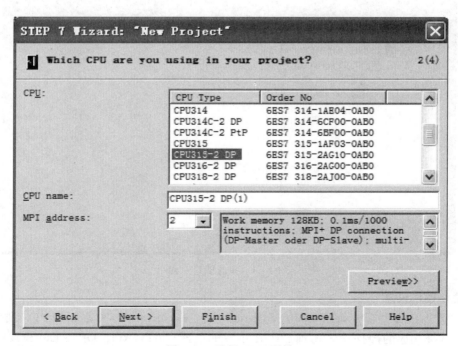

图 4-66　选择 CPU 型号

③ 下一页继续点击 "Next"，如图 4-67 所示。

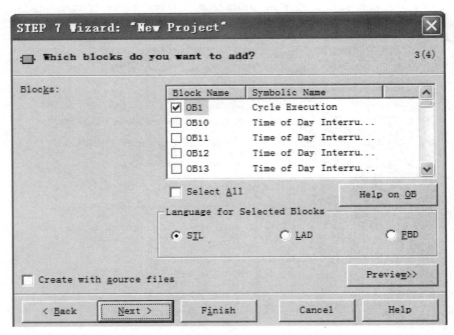

图 4-67　点击 "Next"

④ 最后一步自定义 Project 名称，点击 "Finish"，完成工程建立，并出现如图 4-68 所示工程框。

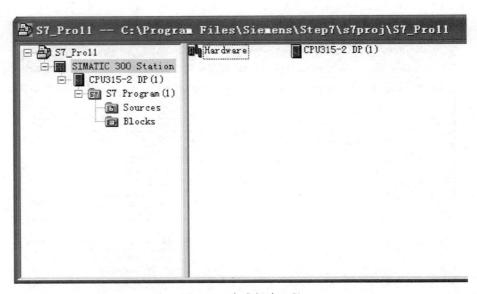

图 4-68　完成新建工程

4. 硬件模块设置

首先双击工程界面 SIMATIC 300 Station 里的 "Hardware"。然后根据 PLC 硬件设备上的排列，选择相应的硬件型号添加到 UR 中，如电源、AI、AO、DI 和 DO 模块。从右方

SIMATIC 300 中找到并双击添加电源模块到 Slot1，从 Slot4 开始继续添加 PLC 硬件设备 I/O 模块，如图 4-69 所示。

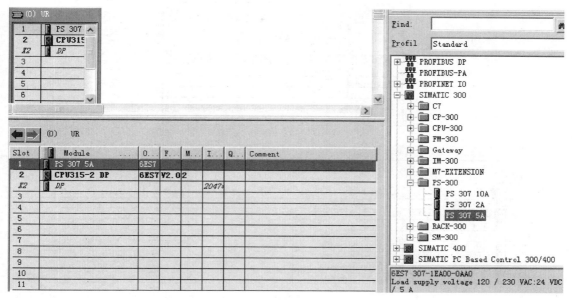

图 4-69　硬件模块设置

如需添加如图 4-70 所示的 SM331 AI8x13Bit 模块，型号为 SM331-1KF01-0AB0，点开 SM-300 分支里的 AI-300，寻找需要添加的对应模块，双击添加。

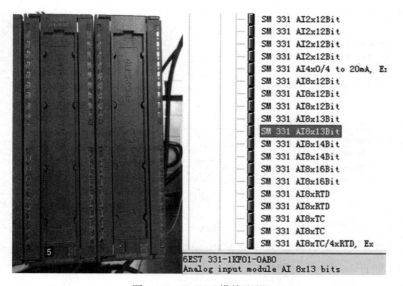

图 4-70　SM331 模块配置

由于实验过程需按照实际 PLC 硬件排列进行硬件组态，实际操作中需按照上述的方法依次添加 SM321 DI16xDC24V 模块，型号为 SM321-1BH50-0AA0；SM322 DO16xRel. AC120V/230V 模块，型号为 SM322-1HH01-0AA0；SM331 AI8x13Bit 模块，型号为 SM331-1KF01-0AB0；SM332 AO8x12Bit 模块，型号为 SM332-5HF00-0AB0，如图 4-71(a) 所示。

图 4-71(b) 所示的是硬件组态实例，显示的内容从左到右依次为：插槽号、模块名称、订货号、固件版本、MPI 地址、输入地址、输出地址。

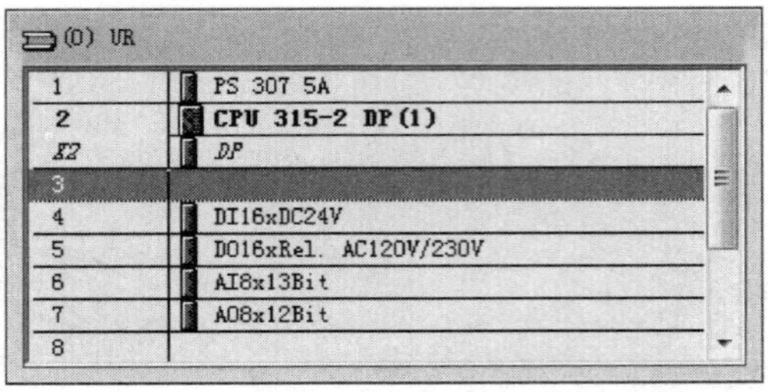

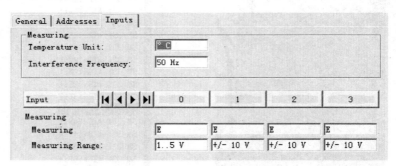

(0) UR
1 PS 307 5A
2 CPU 315-2 DP(1)
X2 DP
3
4 DI16xDC24V
5 DO16xRel. AC120V/230V
6 AI8x13Bit
7 AO8x12Bit
8

(a)

(0) UR
S... Module Order number Firmware MPI address I add... Q address Comment
1 PS 307 5A 6ES7 307-1EA00-0AA0
2 CPU 315-2 DP(1) 6ES7 315-2AG10-0AB0 V2.6 2
X2 DP 2047*
3
4 DI16xDC24V 6ES7 321-1BH50-0AA0 0...1
5 DO16xRel. AC120V/230V 6ES7 322-1HH01-0AA0 4...5
6 AI8x13Bit 6ES7 331-1KF02-0AB0 288...303
7 AO8x12Bit 6ES7 332-5HF00-0AB0 304...319

(b)

图 4-71　硬件模块配置示例

双击添加 SM331 AI8x13Bit 模块会出现图 4-72，可通过改变 Measuring，确定 AI 模块各个通道的测量及其测量量程范围。根据实际操作中的连线，对应将 Input0 或 Input4 下方的 Measuring Range 改为 1～5V。

General
Addresses
Inputs
Measuring
Temperature Unit:
°C
Interference Frequency:
50 Hz
Input
0
1
2
3
Measuring
Measuring
E
E
E
E
Measuring Range:
1..5 V
+/- 10 V
+/- 10 V
+/- 10 V

图 4-72　模块输入配置示例

点击按钮下载硬件组态，弹出“Select Target Module”对话框；点击“OK”，出现“Select Node Address”对话框，其中“MPI address”（MPI 地址）这个地址是默认与硬件组态中的 MPI 地址一致的，地址是需要组态的 CPU 的 MPI 地址。点击“View”，会出现可接入 CPU 点，选择出现的接入点，点击“OK”，进行硬件组态下载，如图 4-73 所示。

（三）连线与编写基本控制程序

1. 手动控制调压模块输出电压实验

本部分实验不使用 PLC 实现自动控制，仅利用调压旋钮，实现对加热模块两端电压的

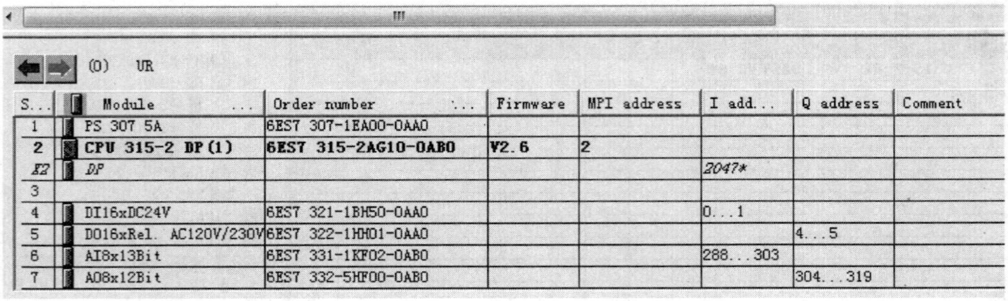

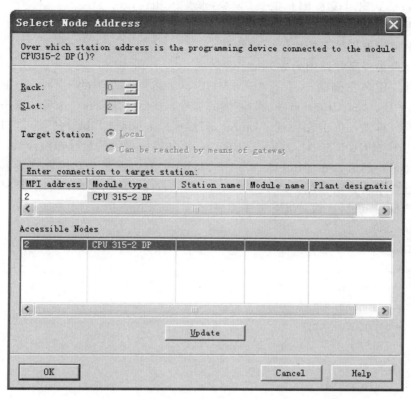

图 4-73　硬件组态下载

控制。

按图 4-60 中的端口编号接线如下：

＋24V 接入：5、9、11、25 相连；

接地端口：6、10、12、14、18、20、27、29 相连；

电阻器件接入电路：21、23 相连，22、24 相连；

变送器 1～5V 输出端接入电路：26、28 相连；

将 0～5V 手动给定的电压输入加热模块中：17、19 相连；

用电压表测量温度变送器的输出电压：13、28 相连。

连线完成后，打开实验台开关与加热器开关，可以发现温控炉实时温度不断提高。旋转模拟量电压给定部分的旋钮，可以改变交流电压表上显示的电压。旋钮调到最小值时交流电压表上显示的电压为 0，加热器不再加热。出现以上现象即为实验成功。

2. 基于 PLC 的加热模块温度自动控制实验

（1）按图 4-60 中的端口编号接线

＋24V 接入：3、5、9、11、25 相连；

接地端口：4、6、8、10、12、14、18、20、27、29 相连；

电阻器件接入电路：21、23 相连，22、24 相连；

变送器 1～5V 输出端接入电路：26、28 相连；

驱动电源 5V 输入：1、17 相连；

将通断信息输入加热模块：2、19 相连；

变送器 1~5V 输出接入 PLC 的 AI 模块：7、28 相连；

用电压表测量温度变送器的输出电压：13、28 相连。

然后把模拟量电压给定的旋钮调到最大。

（2）编写采集程序并调用函数进行量程转换

依次点开工程名左侧的＋号、"SIMATIC 300 站点"左侧的＋号、"CPU 315-2 DP（1）"左侧的＋号、"S7 Program（1）"左侧的加号，找到"Blocks"选项。双击 OB1，打开软件编程界面。首先，单击左面板"Libraries"→"Standard Library"→"TI-S7 Converting Blocks"→"FC105 SCALE CONVERT"，添加系统提供的量程转换函数，然后在代码行填入所需变量；然后，在"Interface"→"Temp"右边框图手动填入变量名字，选择数据类型，地址由系统自动分配，Dec_in、ret、In_result 均为手动添加的临时变量（注意数据类型的选择）；最后，编写以下程序：

```
L      PIW   288
T      #Dec_in
CALL  "SCALE"
 IN      : = #Dec_in
 HI_LIM : = 1.500000e + 002
 LO_LIM : = 0.000000e + 000
 BIPOLAR: = FALSE
 RET_VAL: = #ret
 OUT     : = #In_result
L      #In_result
L      5.000000e + 001
< = R
=       Q       4.0
```

添加完 FC105 并且程序编写正确后，在工程界面 OB1 后会出现新的 Block "FC105"，如图 4-74 所示。若要程序成功运行，必须下载两个模块：OB1 和 FC105 模块。双击进入 FC105，点击 ▣ 进行软件程序下载；然后双击进入 OB1，点击 ▣ 进行软件程序下载。

图 4-74　工程界面

模拟量处理程序界面如图 4-75 所示。该程序的主要功能是采集温度变送器输出的 1~5V 的电压信号，并由"SCALE"函数将其转化为温度信息，与设定的阈值比较，如果大于这个阈值，说明温度已经达到要求，此时断开 DO 端口，停止加热；反之，则打开 DO 端口进行加热。通过控制加热开关的开闭，控制加热器温度在阈值附近。（程序下载过程中，PLC 应处于 STOP 状态，程序下载完成，将 PLC 调至 RUN 状态。）

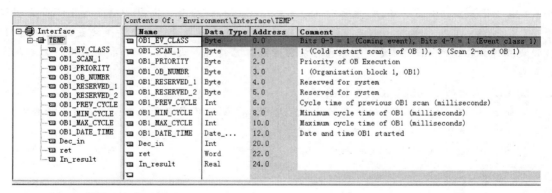

OB1 : "Main Program Sweep (Cycle)"

Comment:

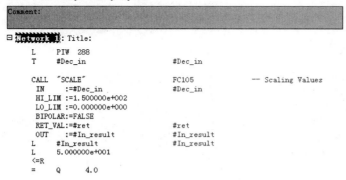

图 4-75　模拟量处理程序界面

四、基于 PLCSIM 的仿真测试方法

若在缺乏该实验案例所需实验条件的情况下，可以使用西门子公司开发的可编程控制器模拟软件 S7-PLCSIM。该软件可以在 STEP7 集成状态下实现无硬件模拟，通过 PLCSIM 软件进行程序测试和逻辑验证即可。

五、实验操作注意事项

① 严禁带电操作！

② 所有的接线的改变应通过 PLC 下方的接线端子实现，禁止私自插拔 PLC 内部的接线，禁止私自改变 PLC 的模块顺序。

③ 在进行程序的下装前，确认 PLC 的各模块在已送电状态下工作是否正常。

④ 程序下载过程中，PLC 应处于 STOP 状态。程序下载完成，将 PLC 调至 RUN 状态。

⑤ 运行程序时，PLC-CPU 端显示灯出现红灯的时候，应马上切换到 STOP，检查程序和接线是否正确。

＜　思考题与习题　＞

1. S7-300PLC 一般由哪几个部分组成？

2. 假设某控制系统需要输入 21 路二线制连接的 4～20mA 电流信号、15 路四线制连接的 4～

20mA 电流信号、3 路 1～5V DC 电压信号、4 路 Pt100 电阻信号，输出 7 路 24V DC 开关量信号、7 路 220V AC 开关量输出信号、输出 32 路 4～20mA 电流信号。要求：①配置 S7 PLC 的 I/O 模块并选择合适的 CPU 单元；②根据可能出现的工艺情况，说明在确定系统结构时需要注意的问题。

3. PLC 采用的编程语言主要有哪些？

4. 简述 S7-300PLC 的程序结构。逻辑功能块 FB 和 FC 各有什么特点？使用在什么场合？

5. PLC 控制系统开发的基本流程包括哪些内容？

6. SIEMENS PLC 有哪些组网方式？各有什么特点？

第五章 集散控制系统

本章重点介绍浙江中控 ECS-700 集散控制系统，主要内容包括系统架构、系统组态、实时监控和 DCS 应用案例展示。

第一节 集散控制系统架构

一、集散控制系统概述

集散控制系统（Distributed Control System，DCS）是指对生产过程集中操作、管理、监视和分散控制的一种分布式控制系统。该系统将控制单元分散应用于过程控制，全部信息通过通信网络由上位管理计算机监控，实现优化控制，通过操作单元、显示器、通信总线等，进行集中操作、显示、报警。

20 世纪 70 年代，世界经济的快速发展使得人们对消费品的需求也随之增长，建立更大的生产能力和生产装置大型化已成为迅速提升生产能力的有效途径。在此背景下，石油炼制、冶金、化工、建材、电力、水处理等行业的单装置能力得到了迅速提升。生产装置的大型化要求设备之间具有更好的协调性，一旦停机，带来的损失将会更大。因此，用户迫切需要控制仪表系统能够解决生产装置大型化和生产过程连续化所面临的控制问题。20 世纪 70 年代中期，大规模集成电路取得突破性的发展，8 位微处理器得到了广泛运用，使自动化仪表工业发生了巨大的变化，现代意义上的 DCS 也应运而生。

目前世界上大约有十几个国家、60 多个公司推出自己开发的 DCS 系统，型号众多，自成一体，用途也各有侧重。我国从 20 世纪 70 年代中后期起，首先在大型进口设备中成套引入国外的 DCS，首批有化纤、乙烯、化肥等进口项目。中国市场上的 DCS 供应商有近 20 家，可分为欧美品牌、日本品牌、国内品牌几个集群。20 世纪 80 年代日本 Yokogawa 公司的 Centum 系列进入中国市场，同期引进的还有美国 Honeywell 公司的 TDC 系列 DCS 系统。

随着世界各国 DCS 厂商纷纷推出自己开发的 DCS 系统，在我国供应的 DCS 品牌也越来越多，近几年，ABB、Emerson、Invensys、Siemens 生产的 DCS 系统在各自侧重的不同行业都有广泛应用。国外 DCS 产品在国内市场中占有率以 Honeywell、Yokogawa、ABB 等公司产品为多。在大量引进国外 DCS 的同时，我国也开始自己研制和设计 DCS 系统，经过近 30 年的努力，国内已有多家生产 DCS 的厂家，其产品应用于大中小各类过程工业企业，其中和利时、浙江中控、国电智深 3 家已具有相当规模。国产品牌的市场占有率也在持续上升。图 5-1 所示为浙江中控 DCS 系统发展概况。

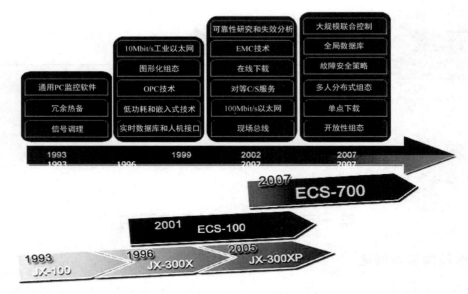

图 5-1　浙江中控 DCS 系统发展概况

本章主要以浙江中控的 ECS-700 集散控制系统为例，介绍集散控制系统的系统架构、系统组态、实时监控等功能。

集散控制系统是一种具有分布式结构的特定计算机控制系统，把控制功能分散到若干个控制站，提高了系统的可靠性，且各控制回路的运行服从工业生产管理的总体目标，其特征是分散控制和集中管理。

现代化工行业中广泛应用的 DCS 系统，其结构通常如图 5-2 所示。

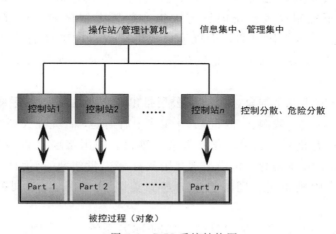

图 5-2　DCS 系统结构图

DCS 系统通常由操作节点、通信网络、控制节点组成，如图 5-3 所示。

ECS-700 系统是浙江中控技术股份有限公司 WebField 系列控制系统之一，是致力于帮助用户实现企业自动化的大型控制系统。ECS-700 系统具有独特的系统分域管理功能，

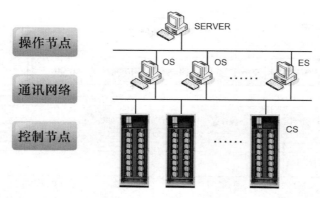

图 5-3　DCS 系统基本架构

根据实际仪控系统的规模和结构，将 ECS-700 控制系统划分为一个或多个控制域及操作域，每个操作域可以同时监控多个控制域，并对这些控制域进行联合监控。ECS-700 系统通过分域管理，有效地减少了系统网络负荷，保证了在大规模系统构建下过程控制网的实时性。ECS-700 系统通过不同的配置，实现历史数据全系统集中存储或多域分布式存储。ECS-700 系统除了实现以上的分域操作和管理外，还实现了数据的分组管理。操作员可以根据自身的权限，监视不同的数据分组，工程师则可以按照数据分组进行数据的管理。

ECS-700 系统最大可支持 16 个控制域和 16 个操作域。图 5-4 所示为分域管理示意图。

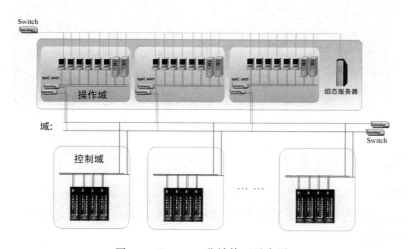

图 5-4　ECS-700 分域管理示意图

ECS-700 系统由控制节点（包括控制站及过程控制网上与异构系统连接的通信接口等）、操作节点［包括工程师站、操作员站、组态服务器（主工程师站）、数据服务器等连接在过程信息网和过程控制网上的人机会话接口站点］及系统网络（包括 I/O 总线、过程控制网、过程信息网、企业管理网等）等构成。图 5-5 是某化工厂的分域管理系统结构。图 5-6 是基于地理位置的域分割示意图。

113

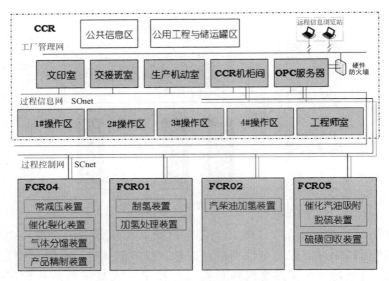

图 5-5　某化工厂的分域管理系统结构

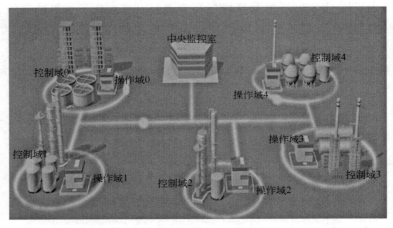

图 5-6　基于地理位置的域分割

二、控制节点

（一）控制站

控制站是系统中直接从现场采样 I/O 数据、进行控制运算的核心单元，完成整个工业过程的实时控制功能。

控制站硬件主要由机柜、机架、I/O 总线、供电单元、基座和各类模块（包括控制器模块、I/O 连接模块和各种信号输入/输出模块等）组成。

控制站机柜外形尺寸为 2100mm×800mm×800mm［高×宽×深（不带侧板）］，支持机柜的拼装。机柜正面可装配控制器单元（或 I/O 连接模块单元）和机架，每个机架上可装配各类 I/O 模块基座，基座上可装配 I/O 模块。机柜背面可装配电源单元、机柜报警单元、网络交换机以及机架。控制站内的各种模块都可以冗余配置，保证实时过程控制的可靠性。ECS-700 控制站如图 5-7 所示。

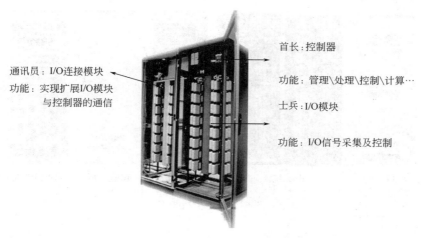

通讯员：I/O连接模块
功能：实现扩展I/O模块
与控制器的通信

首长：控制器

功能：管理\处理\控制\计算…

士兵：I/O模块

功能：I/O信号采集及控制

图 5-7　ECS-700 控制站

I/O 连接模块为远程 I/O 机柜中的核心单元，是控制器连接远程 I/O 模块的中间环节。它一方面通过扩展 I/O 总线和控制器通信，另一方面通过本地 I/O 总线管理 I/O 模块。其中扩展 I/O 总线使用冗余的工业以太网，速率为 100Mbit/s。

I/O 连接模块可以冗余配置，在冗余配置状态下，任意时刻只有工作模块进行实时数据通信，备用模块通过监听保证实时数据的同步。

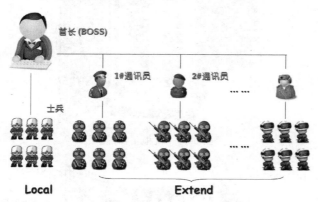

图 5-8　CPU 与模块间通信示意图

控制器最多可扩展 7 对通信模块（含 I/O 连接模块、Profibus 模块和串行通信模块等）。每对 I/O 连接模块最多可带 4 个机架，每个机架最多可带 16 个 I/O 模块。如图 5-8 所示为 CPU 与模块间通信示意图，图 5-9 为 ECS 过程扩展 I/O 总线，图 5-10 为各类机柜图，图 5-11 和图 5-12 为 ECS-700 机柜的正面图和背面图。

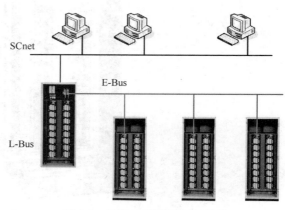

图 5-9　ECS 过程扩展 I/O 总线

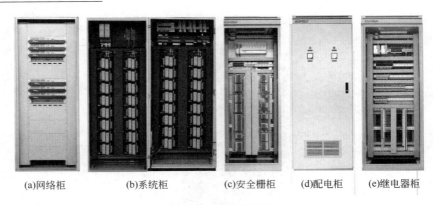

(a)网络柜　　(b)系统柜　　(c)安全栅柜　　(d)配电柜　　(e)继电器柜

图 5-10　各类机柜图

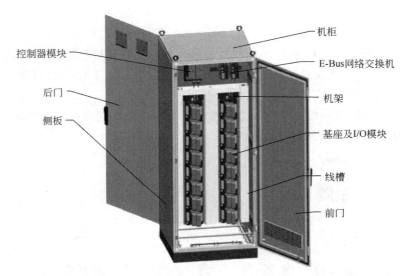

控制器模块　　机柜
后门　　E-Bus网络交换机
侧板　　机架
基座及I/O模块
线槽
前门

图 5-11　机柜正面图

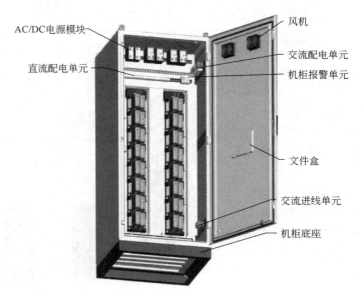

AC/DC电源模块　　风机
直流配电单元　　交流配电单元
机柜报警单元
文件盒
交流进线单元
机柜底座

图 5-12　机柜背面图

116

ECS 有长机架和短机架两种，分别可以安装 16 块和 8 个模块。图 5-13 为长、短机架示意图，图 5-14 为模块与机架连接示意图。

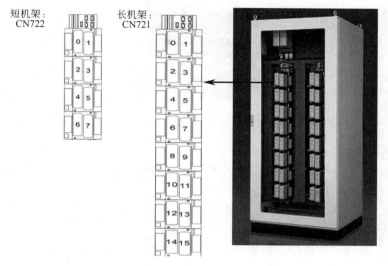

图 5-13　长、短机架示意图

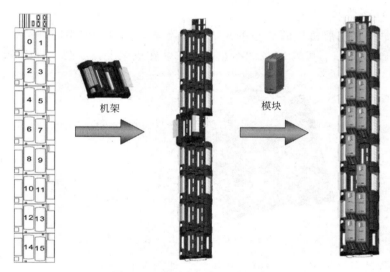

图 5-14　模块与机架连接示意图

（二）控制器单元

控制器是控制站软硬件的核心，协调控制站内软硬件关系，完成各项控制任务。控制器可以自动完成数据采集、信息处理、控制运算等各项功能，通过过程控制网络与数据服务器、操作员站、工程师站相连，接收上层的管理信息，并向上传递工艺装置的特性数据和采集到的实时数据；向下通过扩展 I/O 总线和 I/O 连接模块相连（或通过本地 I/O 总线与 I/O 模块直接相连），实现与 I/O 模块的信息交换，完成现场信号的输入采样和输出控制。

ECS-700 控制器 FCU711，由一对冗余控制器 FCU711-S 和一个基座 MB712-S 构成，周期性采集 I/O 模块的实时信息，将这些信息进行综合运算处理，并将处理结果周期性地输出到 I/O 模块，完成对现场控制对象的实时控制，如图 5-15 所示。

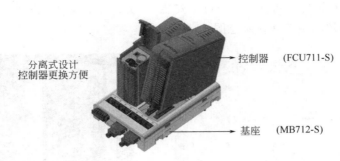

图 5-15   ECS-700 控制器 FCU711

控制器性能指标：

微处理器：三个 32 位工业级 CPU，频率 260MHz；

冗余方式：支持 1∶1 热备用；

扫描周期：快周期 20ms，基本周期 100ms，范围 0.02～1s；

通信速率：100/1000Mbit/s；

驱动能力：本地 4 个机架，扩展 28 个机架（7 个 I/O 连接模块）；

在线更新：单点在线下载。

（三）I/O 连接单元

I/O 连接单元是扩展机柜的核心单元，控制器与 I/O 模块的中间环节，由一对 I/O 连接模块 COM711-S 和一个基座 MB722-S 构成。安装在机架上，如图 5-16 所示。

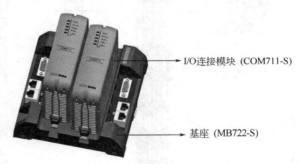

图 5-16   ECS-700 的 I/O 连接单元

一对控制器最多可扩展 7 个 I/O 连接单元，如图 5-17 所示。

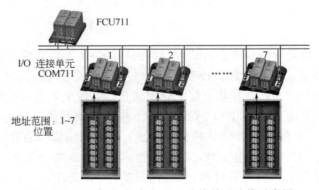

图 5-17   ECS-700 与多个 I/O 连接单元连接示意图

（四）I/O 模块

由两个 I/O 模块（单独/冗余）和一个基座（可选，配套端子板）构成，如图 5-18 所示。

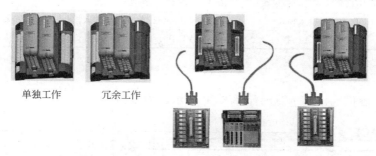

单独工作　　冗余工作

图 5-18　I/O 模块的单独/冗余连接示意图

（五）I/O 模块基座

I/O 模块基座结构简图如图 5-19 所示。

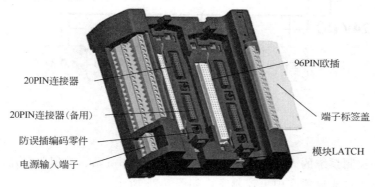

图 5-19　I/O 模块基座

性能特点如下。

插拔：支持热插拔；

冗余：支持 1∶1 热备用；

应用：免跳线；

可转接端子。

控制站 I/O 模块列表如表 5-1 所示。

表 5-1　控制站 I/O 模块列表

型号	模块名称	性能及输入/输出点数
AI711-S	模拟信号输入模块	8 路电压（电流）信号的测量并提供配电功能，支持冗余
AI721-S	热电偶输入模块	8 路热电偶（毫伏）信号的测量并提供冷端补偿功能，支持冗余
AI731-S	热电阻输入模块	8 路热电阻（电阻）信号的测量并提供二、三、四线制接口，支持冗余
AO711-S	模拟信号输出模块	8 路电流信号的输出功能，支持冗余
DI711-S	数字信号输入模块	16 路无源触点或有源（24V）触点输入，支持冗余
DO711-S	数字信号输出模块	16 路晶体管输出及单触发脉宽输出，支持冗余
AI711-H	模拟信号输入 HART 模块	8 路 HART 电流信号的测量并提供配电功能，支持冗余
AO711-H	模拟信号输出 HART 模块	8 路 HART 电流信号的输出功能，支持冗余

型号	模块名称	性能及输入/输出点数
DI713-S	数字信号输入（SOE）模块	16 路 SOE 信号，不支持冗余
PI711-S	脉冲信号输入模块	6 路 0～10000Hz 脉冲信号输入模块，不支持冗余
AM711-S	位置调整（PAT）模块	4 路 PAT（Position Adjusting Type）模块，不支持冗余

（六）供电

ECS-700 系统供电模块示意图如图 5-20 所示，为双路供电。

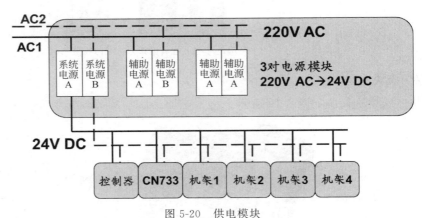

图 5-20 供电模块

三、操作节点

操作节点是控制系统的人机接口，是工程师站、操作员站、数据服务器、组态服务器等的总称，操作节点一般放置在中央控制室，如图 5-21 所示。

图 5-21 中央控制室（CCR）

ECS-700 系统的操作节点充分考虑大型主控制室的设计要求，同时在系统规模较小的情况下，也可以使用一台计算机同时集成多种站点功能。

1. 节点类型

操作员站：实时监控平台，支持高分辨率显示，支持一机多屏，提供控制分组、操作面板、诊断信息、趋势、报警信息以及系统状态信息等的监控界面，可以获取工艺过程信息和事件报警，对现场设备进行实时控制。

主工程师站：实现组态服务器、工程师组态、系统维护的管理平台。

扩展工程师站：组态、系统维护的平台，可创建、编辑和下载控制所需的各种软硬件组态信息，可实现过程控制网络调试、故障诊断、信号调校等。

2. 服务器

数据服务器：报警历史记录、操作域变量实时数据（异构系统数据）、SOE（Sequence of Event）数据存放平台，向应用站提供实时和历史数据，可冗余配置。

历史数据服务器：历史趋势存放平台，向应用站提供实时和历史数据，可冗余配置。

操作记录服务器：操作员操作记录存放平台，提供记录及查询功能。

时间同步服务器：提供操作节点系统时间的时间基准。

四、通信网络

企业管理网连接各管理节点，通过管理服务器从过程信息网中获取控制系统信息，对生产过程进行管理或实施远程监控。过程信息网连接控制系统中所有工程师站、操作员站、组态服务器（主工程师站）、数据服务器等操作节点，在操作节点间传输历史数据、报警信息和操作记录等。对于挂在过程信息网上的各应用站点，可以通过各操作域的数据服务器访问实时和历史信息、下发操作指令。

过程控制网连接工程师站、操作员站、数据服务器等操作节点和控制站，在操作节点和控制站间传输实时数据和各种操作指令。

扩展 I/O 总线和本地 I/O 总线为控制站内部通信网络。扩展 I/O 总线连接控制器和各类通信接口模块（如 I/O 连接模块、Profibus 通信模块、串行通信模块等）；本地 I/O 总线连接控制器和 I/O 模块，或者连接 I/O 连接模块和 I/O 模块。扩展 I/O 总线和本地 I/O 总线均冗余配置。

ECS-700 系统可以灵活方便地组建大规模系统以及实行全厂级的分域管理，如图 5-22 所示为 ECS-700 系统网络结构图。

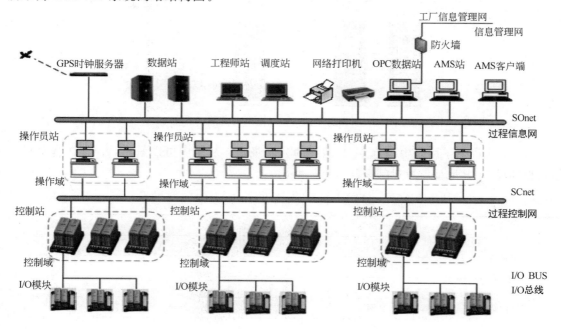

图 5-22　ECS-700 系统网络结构图

图 5-23 描述了 ECS-700 系统中的数据流向，控制网上的实时数据同时送到了操作站和服务器。由于操作站从服务器查询历史数据时需要占用大量的网络带宽，所以 ECS-700 的历史数据通信通过过程信息网进行，从而极大减小了过程控制网的网络负荷，过程控制网的实时性和稳定性得以提高。图 5-24 为 ECS-700 网络通信图。

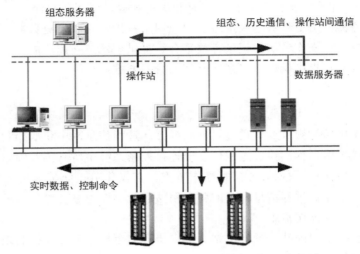

图 5-23　ECS-700 系统数据流图

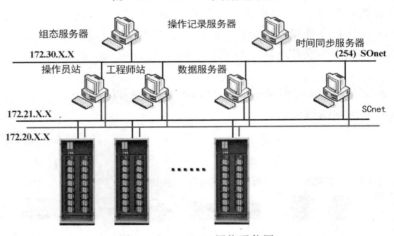

图 5-24　ECS-700 网络通信图

表 5-2 中提供了网络中各节点 IP 地址的分配规则，从表中可以看出，对于配置好的网络，根据设备 IP 地址就可以判断其节点类型。

表 5-2　ECS-700 网络 IP 地址分配

节点名称	冗余网络	IP 地址范围	子网掩码
控制站	控制 A 网	172.20.(0～15).(2～127)	
	控制 B 网	172.21.(0～15).(2～127)	
操作站	控制 A 网	172.20.(0～15).(129～254)	255.255.0.0
	控制 B 网	172.21.(0～15).(129～254)	255.255.0.0
	信息网	172.30.(0～15).(129～254)	255.255.0.0

节点名称	冗余网络	IP 地址范围	子网掩码
时钟同步服务器	控制 A 网	172.20.(0～15).254	
	控制 B 网	172.21.(0～15).254	

第二节　集散控制系统组态

一、集散控制系统组态概述

系统组态是指在工程师站上为控制系统设定各项软硬件参数的过程。

系统组态功能由以下控制组态工具软件共同完成：

① 系统结构组态软件——用于完成整个控制系统结构框架的搭建，包括控制域、操作域的划分及功能分配，以及各工程师组态权限分配等；

② 组态管理软件——作为组态的平台软件关联和管理硬件组态软件、位号组态软件、控制方案组态软件和监控组态软件，维护组态数据库，支持用户程序调度设置、在线联机调试、组态上载以及单点组态下载等功能；

③ 硬件组态软件——控制站内硬件组态软件，支持控制站硬件参数设置、硬件组态扫描上载以及硬件调试等功能；

④ 位号组态软件——控制站内位号组态软件，支持位号参数设置、EXCEL 导入导出、位号自动生成、位号参数检查以及位号调试等功能；

⑤ 控制方案组态软件——用于完成控制系统控制方案的组态，提供功能块图、梯形图、ST 语言等编程语言，提供丰富的功能块库，支持用户程序在线调试、位号智能输入、执行顺序调整以及图形缩放等功能；

⑥ 监控组态软件——用于完成控制系统监控管理的组态，包括操作域组态和操作小组组态。

VisualField（简称 VF）系统软件是用于 ECS-700 系统进行控制系统组态和监控的软件包。ECS-700 组态软件模块如图 5-25 所示。

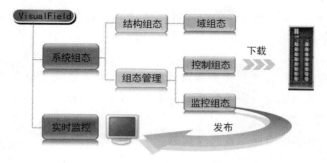

图 5-25　ECS-700 组态软件模块

二、组态流程

系统组态的主要工作流程如图 5-26 所示。

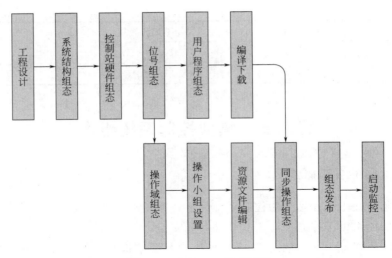

图 5-26　ECS-700 组态流程

1. 工程设计

工程设计包括测点清单设计、常规（或复杂）对象控制方案设计、系统控制方案设计、流程图设计、报表设计以及相关设计文档编制等。工程设计完成以后，应形成包括测点清单、系统配置清册、系统拓扑图、控制柜布置图、I/O 模块布置图、控制方案等在内的技术文件。

工程设计是系统组态的依据，只有在完成工程设计之后，才能动手进行系统的组态。

2. 系统结构组态

系统结构组态通过系统结构组态软件（VFSysBuilder）来完成，主要进行工程的系统结构以及工程管理权限组态。

系统总体结构组态是根据系统配置清册和系统拓扑图确定系统的控制域、控制站、操作域、操作域服务器、操作员站（工程师站）。

工程建立后，系统结构的查看、修改以及各控制站、操作域的组态都必须由具有相应权限的工程师来执行。系统结构一旦确定后，应当尽量避免对系统结构进行修改。

3. 控制站硬件组态

根据 I/O 模块布置图及测点清单的设计要求，在硬件配置软件中完成通信模块和 I/O 模块的组态。

4. 位号组态

在位号组态软件中进行。主要根据测点清单的设计要求完成 I/O 位号的组态；根据工程设计要求，定义上下位机间交互需要的变量；根据用户程序的需要定义程序页间交互的变量。

5. 用户程序组态

通过 FBD 或者 LD 等编程语言实现控制方案的要求。

6. 编译下载

将控制站运行需要的信息全部下载到对应控制器中。

7. 操作域组态

该项设置操作域的通用组态，包括操作员权限配置、面板权限配置、报警颜色设置、域变量组态、历史趋势组态、自定义报警分组等。

操作员权限配置主要设置操作员的权限，通过在软件中定义不同级别的用户来保证权限操作，即一定级别的用户对应一定的操作权限。

8. 操作小组设置

对各操作员站的操作小组进行设置，不同的操作小组可观察、设置、修改不同的标准画面、流程图、报表、自定义键等。操作小组设置有利于划分操作员职责，简化操作人员的操作，突出监控重点。

9. 资源文件编辑

资源文件主要包括流程图和调度，其中特别是流程图组态所需时间比较多，因此可以在项目前期就进行资源文件的独立组态，然后再进行整合。

10. 组态发布

将服务器上的工程组态发布到相应操作域的服务器或者操作员站（工程师站）。

三、结构组态

进行工程组态前必须先通过系统结构组态软件搭建系统结构框架，再通过组态管理软件对该工程下的各个控制站的硬件、位号、控制方案等进行组态，通过监控组态软件对操作域进行组态。

结构组态软件和组态管理软件的功能框架见图 5-27 和图 5-28。

图 5-27　结构组态软件功能　　　　　图 5-28　组态管理软件功能

结构组态软件和组态管理软件各自独立运行，它们之间的联系由默认工程来同步。组态管理软件和监控软件读取的都只是默认工程的工程组态。因此如需在组态管理软件和监控软件中运行当前工程的组态，必须将当前工程设置成默认工程。

整个系统中只有一个默认工程。

若已经有工程为默认工程，修改默认工程时必须通过权限验证（输入前一工程的工程师名和密码）才能修改。

四、控制组态

（一）硬件配置和位号表配置

组态管理软件中要完成的第一个功能是控制组态，控制组态中首先要完成的是硬件配置和位号表配置。其流程如图 5-29 所示。

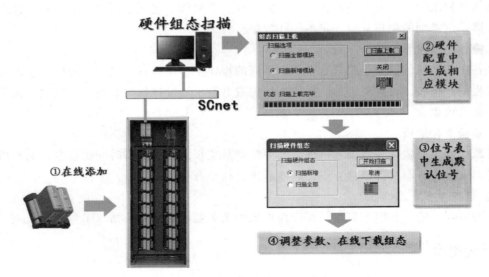

图 5-29　硬件配置及位号表组态流程

（二）用户程序和用户功能块

VisualField 支持使用多种图形化编程语言和文本化编程语言来编写用户程序。此外，ECS-700 系统还支持用户功能块库，可将自定义逻辑程序编写成用户功能块，实现程序逻辑的保密和重用。

图形化编程语言包括：功能块图（FBD，Function Block Diagram）、梯形图（LD，Ladder Diagram）、顺控图（SFC，Sequential Function Chart）。

文本化编程语言有：结构化文本（ST，Structured Text）。

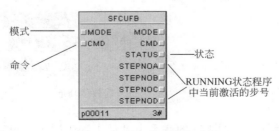

图 5-30　控制组态功能块示例

VisualField 系统软件符合 IEC61131-3 标准，为用户提供高效的图形编程环境。

编辑工具：功能块图（FBD）、梯形图（LD）、顺控图（SFC）、结构化文本（ST）。

功能块库：运算功能块、处理功能块、控制功能块、通信功能块。

一个典型的控制组态功能块如图 5-30 所示。

（三）组态下载

工程师在本地对控制站组态进行编辑、编译之后，可将程序下载到控制器中。组态下载有两种方式：

离线下载：不对控制站内组态进行任何对比，直接将工程师站正确的组态完整下载。必需在现场设备不运转（即停车）情况下使用。

在线下载：检测出需要下载的组态内容，然后在线进行组态下载。可以在现场设备不脱离监控（即开车）的情况下使用。

只有被本机锁定的控制站才能进行组态下载的操作。由于存在冗余的控制器，默认向冗余的两个控制器下载，不需要选择哪个控制器，如图 5-31 所示。

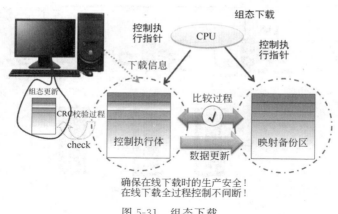

图 5-31 组态下载

（四）保存到组态服务器

完成对操作域的组态之后需要将组态保存到组态服务器，以保证组态发布时各操作节点能获得最新的组态，否则在其它工程师站上将不能对该控制站进行操作，并且位号等信息将不能及时传递给其它操作节点。

五、监控组态

监控组态分为操作域组态和操作小组组态。监控组态的功能如图 5-32 所示。

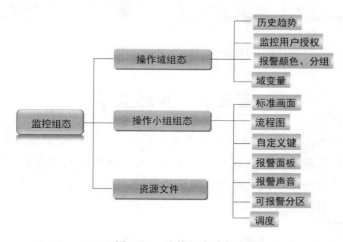

图 5-32 监控组态功能

六、组态发布

组态完毕或组态修改之后，首先保存到组态服务器，然后进行组态发布，如图 5-33 所示。

可增量发布时，推荐使用增量发布，全体（全域）发布必须重启监控（软件自动完成）才可生效，如图 5-34 所示。

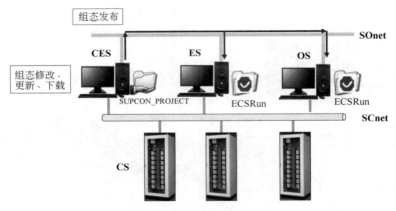

图 5-33　监控组态发布流程

⬇	发布中……
⚠	终止：监控启动中；组态更新中；磁盘空间满；网络忙；服务器路径配置错误
✖	组态不一致，或者发布出现错误
⊖	开始发布……
●	离线
⏸	组态一致或者待发布……
✔	发布成功

图 5-34　监控组态发布界面

第三节　实时监控

　　实时监控软件是 VisualField 软件包的重要组成部分，是一个具有友好用户界面的流程监控软件，为用户监视现场硬件设备的运行情况，并就现场运行情况进行及时有效的控制，提供了一个可视性监控界面，便于管理者操作和维护。

　　实时监控软件具有以下特点：

1. 监视功能强大

　　该软件拥有包括整个控制系统的总貌、各部分系统的模拟事物图、各个现场位号的运行趋势图、报警图及采取的控制策略等丰富的、反映现场情况的、强大的图形监控界面。

2. 提供各种动态实时显示

　　监控软件界面反映现场硬件设备的实时运行情况，各个位号实时变化，动态刷新，真实可靠，极大地方便了操作人员监视和控制。

3. 界面更柔和、更逼真

　　流程图制作软件提供了强大的绘图功能，包括丰富的绘图控件和内嵌的标准图形库，因此监控界面无论形状还是色彩都很好的展现了实际控制现场，使工作人员有更真实的感受。

监控组态软件主要提供在组态模式下针对单个操作域中监控正常运行所需的相关内容进行有关组态的功能，主要包括操作小组组态以及本操作域内统一的一些配置。

图 5-35 是监控界面的首页。在监控界面的工具栏上点击图标，进入系统简介的界面。首页中包含了行业分布、软件介绍、公司简介和联系我们四部分内容。

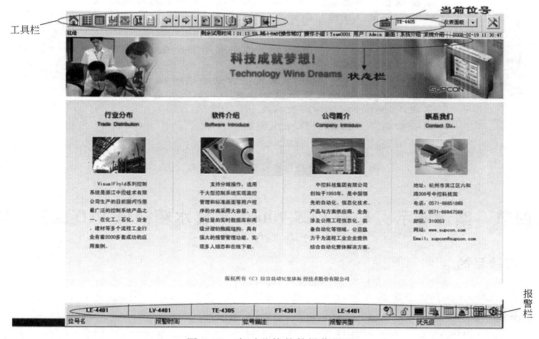

图 5-35　实时监控软件操作界面

工具栏上各个按钮功能如图 5-36 所示。

图标	按钮名称	功能说明	图标	按钮名称	功能说明
	系统简介	点击后监控画面显示 index 页		翻页	在该按钮上点鼠标右键，列出各画面（系统总貌画面、数据一览画面、控制分组画面、趋势画面、流程图画面的列表）。选择了显示某类型画面（比如流程图）后，点鼠标左键，列出所有该类型画面
	系统总貌	点击后监控画面显示系统总貌画面		查找位号	点击该按钮弹出位号选择器
	控制分组	点击后监控画面显示分组画面		软键盘	点击后弹出软键盘
	趋势图	点击后监控画面显示趋势画面		系统状态	点击后监控画面显示系统状态主视图
	流程图	点击后监控画面显示流程图画面		操作日志	点击后弹出操作日志查看器界面
	数据一览	点击后监控画面显示数据一览画面		系统信息	点击后显示系统信息界面
	报表浏览	点击后监控画面显示报表画面		打印画面	点击后打印当前显示的整个监控界面
	后退	显示相对于当前操作之前的操作所显示的画面		用户登录	点击后弹出用户登录对话框
	前进	相对于后退操作（只有执行了后退操作，前进操作才有意义）		退出系统	点击后弹出身份验证对话框
	前页	往前翻一页（对于某种画面，比如流程图画面存在多页可以通过此按钮往前翻页）		下拉菜单	点击后列出包括操作日志、系统信息、打印画面、用户登录和退出系统
	后页	往后一页（对于某种画面，比如流程图画面存在多页可以通过此按钮往后翻页）			

图 5-36　实时监控软件操作界面说明

报警显示可实时显示当前加权优先级最高的 5 个报警，颜色表示报警类型，闪烁表示报警未确认，如图 5-37 所示。

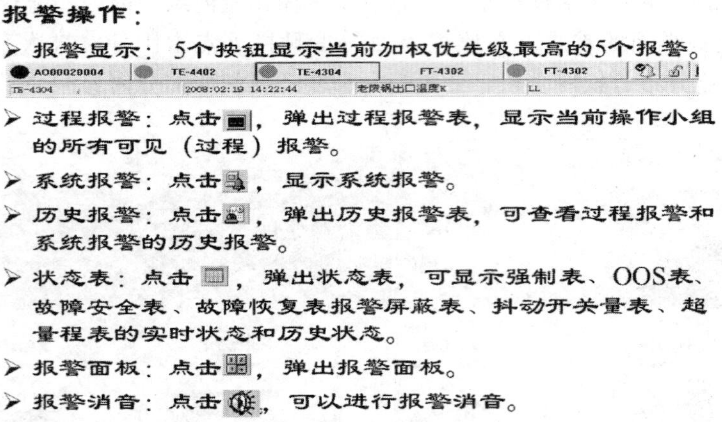

报警操作：

➤ **报警显示：** 5个按钮显示当前加权优先级最高的5个报警。

➤ **过程报警：** 点击 ■，弹出过程报警表，显示当前操作小组的所有可见（过程）报警。

➤ **系统报警：** 点击 ■，显示系统报警。

➤ **历史报警：** 点击 ■，弹出历史报警表，可查看过程报警和系统报警的历史报警。

➤ **状态表：** 点击 ■，弹出状态表，可显示强制表、OOS表、故障安全表、故障恢复表报警屏蔽表、抖动开关量表、超量程表的实时状态和历史状态。

➤ **报警面板：** 点击 ■，弹出报警面板。

➤ **报警消音：** 点击 ■，可以进行报警消音。

图 5-37 实时监控软件报警操作界面说明

第四节 案例展示：基于 ECS-700 的单容水箱液位 PID 监控实验

一、实验目的

① 熟悉 ECS-700 系统的实验环境，通过对实验室 DCS 系统的实际操作，加深对集散控制系统概念的理解；

② 掌握利用 ECS-700 组态软件 VisualField 对 DCS 控制对象现场参数进行配置的方法，完成结构组态并实现单容水箱液位 PID 控制策略的组态；

③ 掌握利用 ECS-700 组态软件 VisualField 对 DCS 监控程序的配置方法，并实现单容水箱液位 PID 控制流程图监控画面的组态；

④ 掌握 ECS-700 系统组态发布流程，实现系统控制组态下载和监控组态发布；

⑤ 能够利用编制的组态程序对单容水箱液位进行单回路液位监控。

二、实验内容

ECS-700 系统是 WebField 系列控制系统之一，是在总结 JX-300XP、ECS-100 等 WebField 系列控制系统广泛应用的基础上设计、开发的面向大型联合装置的大型高端控制系统，其融合了先进的控制技术、开放的现场总线标准、工业以太网安全技术等，为用户提供了一个可靠的、开放的控制平台。

ECS-700 系统按照提高可靠性原则进行设计，可以充分保证系统安全可靠；系统内部所有部件均支持冗余，在任何单一部件故障的情况下仍能稳定正常工作；同时，ECS-700 系统具备故障安全功能，模块在网络故障的情况下，进入预设的安全状态，保证人员、工艺设备的安全。

ECS-700 系统具备完善的工程管理功能，包括多工程师协作工作、组态完整性管理、单点组态在线下载等，并提供完善的操作记录以及故障诊断记录。ECS-700 系统作为开放的控制平台，其融合了最新的现场总线技术和网络技术，支持 HART、FF、Profibus、EPA 等国际标准现场总线的接入和多种异构系统综合集成。

　　VisualField 软件包是基于 Windows 操作系统的自动控制应用软件平台，在 ECS-700 系统中完成系统组态、数据服务和实时监控等功能。软件包包含系统软件组态和系统监控软件。系统组态软件功能由系统结构组态软件、组态管理软件、硬件组态软件、位号组态软件、控制方案组态软件、监控组态软件共同完成。

三、实验原理

1. ECS-700 系统硬件

　　ECS-700 系统硬件组成：

　　控制节点：控制站及通过通信接口设备连接的其它智能设备（机柜、机架、电源、控制器、I/O 连接模块、I/O 模块、机座、端子板、机柜报警单元等）；

　　操作节点：过程信息网及过程控制网上除控制站外的工程师站、操作员站及各种服务器站点（主机、显示器、操作台、打印机、操作员键盘等）；

　　系统网络：本地 I/O 总线、扩展 I/O 总线、过程控制网、过程信息网、信息管理网等。

　　系统整体结构示意图如图 5-38 所示。

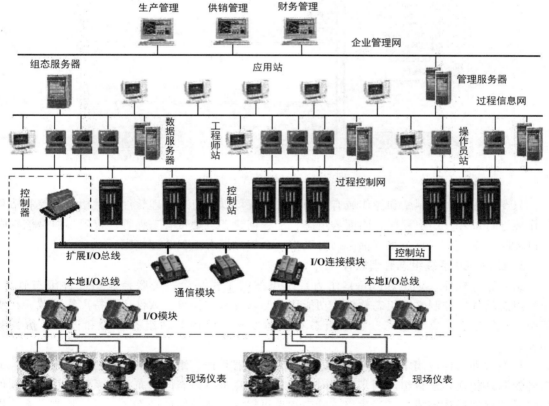

图 5-38　ECS-700 系统总貌

2. ECS-700 系统结构组态软件

　　系统结构组态软件（VFSysBuilder）用于系统结构框架的搭建。通常安装于系统组态服务器，由具有工程管理权限的工程师负责构建和维护系统框架结构。图 5-39 所示为结构组态流程示意图。

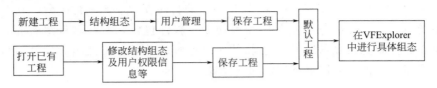

图 5-39　结构组态流程

图 5-40 所示为结构组态软件界面，包括控制域组态、操作域组态、工程师权限管理和全局默认配置等。系统结构组态软件中工程师的权限分为三类：

① 工程管理权限包括打开/关闭工程，并可设置控制站组态权限和操作域组态权限；

② 控制站组态权限包括指定控制站的硬件组态；

③ 操作域组态权限包括指定操作域的监控组态。

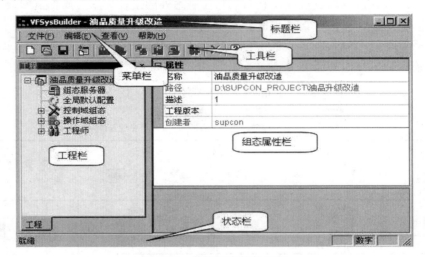

图 5-40　结构组态软件界面

只要工程师对控制站和操作域有管理权限，就可以在组态管理软件中对相应的控制站和操作域进行位号、用户程序、画面等组态。工程创建者自动带有工程管理权限，但是该权限可以去除。系统要求每个工程都必须有至少一个用户拥有工程管理权限。

3. ECS-700 系统组态管理软件

组态管理软件（VFExplorer）作为系统组态的工作平台，关联控制站硬件组态软件、位号组态软件、控制方案组态软件、功能块编制软件和监控组态软件，支持离线下载、在线下载、在线组态、离线组态、多人组态和组态发布、单控制站组态备份和读取、仿真等功能。

组态管理软件应用于工程师站，既与组态服务器相连，维护系统统一的组态数据库，又与各控制站相连，进行组态同步，同时还可对各节点进行组态的发布。在系统结构组态软件中将系统框架搭建完成后，通过组态管理软件可以完成各控制站硬件、位号、控制方案、用户功能块的组态，还可以完成监控组态，以及组态的在线下载和在线发布等。

图 5-41 所示为一个工程的基本控制组态流程。

在动手组态前，首先应将系统构成、模块布置图、测点清单、数据分组方法、系统控制方案、监控画面、报表内容等组态所需的所有文档资料收集齐全。

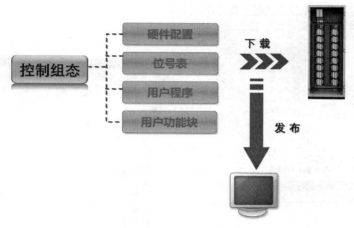

图 5-41 控制组态流程

控制组态是具有组态权限的用户在工程师站上，从组态服务器打开相应的控制站组态文件，并对控制站进行各种硬件配置、用户位号设置、用户程序设置等多种操作。图 5-42 所示为控制组态的界面示意图。

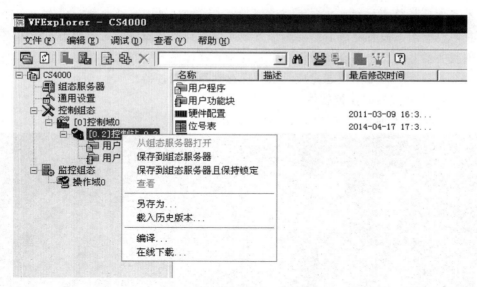

图 5-42 控制组态界面示意图

从组态服务器打开某个控制站的组态后，该控制站即被锁定，以防止其他工程师站对同一个控制站组态进行修改。如果想修改某个控制站的组态，它必须未被其他的工程师站打开。工程师在本地对控制站组态进行编辑、编译或下载之后，应该将此控制站的组态保存到服务器上，这样组态发布后，各操作站才能获得最新的组态。

监控组态的设置主要包括操作小组设置、域组态、保存到组态服务器和组态发布。包括功能主要有添加各种操作画面、添加流程图组态、添加报表组态、添加自定义键组态和进行报警设置等。图 5-43 为启动监控组态的界面示意图。

组态完毕或修改之后，需要向服务器和各个组态节点发布组态信息（告知该节点有新的组态发布需要更新），以便各操作节点得到最新的组态文件和信息。工程师可选择某个（或

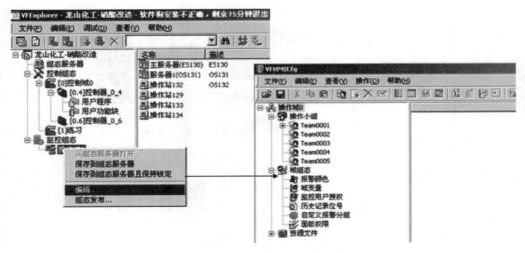

图 5-43　启动监控组态界面示意图

某几个）操作域进行组态发布，向各个操作域的各服务器和操作节点发送组态同步消息，并且由各个操作节点到组态服务器上获取更新的组态。

组态管理软件只能打开默认的工程文件。组态管理软件主要分成控制组态和监控组态两部分，其中控制组态设置完成后需要编译下载并保存到组态服务器，监控组态设置完成后需要保存到服务器并进行组态发布操作，以实现所有操作站的组态更新。组态管理软件安装在工程师站上。各个工程师站组态完成后必须保存到组态服务器。

4. ECS-700 系统实时监控软件

图 5-44 所示为实时监控软件的操作界面示意图。

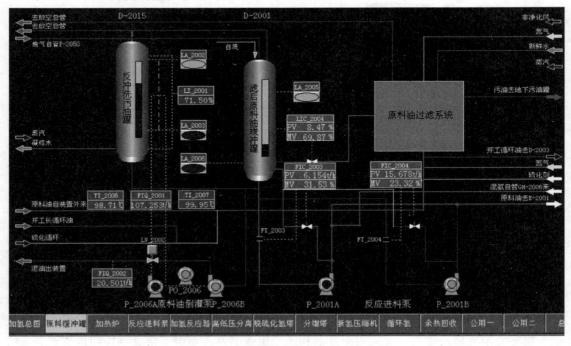

图 5-44　实时监控软件操作界面示意图

有关 ECS-700 系统的详细资料及软件操作详细指南参见《ECS-700 系统说明书 V2.0》。

四、实验环境

CS4000 过程控制实验对象系统包含有：不锈钢储水箱、串接圆筒有机玻璃上水箱、单相 2.5kW 电加热水箱、短滞后和长滞后水箱。系统动力支路分为两路：一路由磁力驱动循环泵、电动调节阀、电磁流量计、自锁紧不锈钢水管及手动切换阀组成，另一路由磁力驱动循环泵、变频调速器、自锁紧不锈钢水管及手动切换阀组成。对象系统中的检测变送和执行元件有：液位传感器、温度传感器、电磁流量计、压力表、电动调节阀。图 5-45 所示为 CS4000 实验对象示意图。实验装置如图 5-46 所示。CS4000 实验对象的检测及执行装置包括：

① 检测装置：扩散硅压力液位传感器、电磁流量计、Pt100 热电阻温度传感器。

② 执行装置：单相可控硅移相调压装置（用来调节单相电加热管的工作电压）、电动调节阀（调节管道出水量）、变频器（调节小流量泵）。

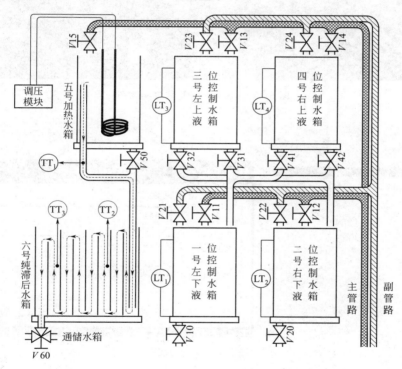

图 5-45　CS4000 实验对象示意图

五、实验步骤

首先通过教师讲解与现场实际观察，加深对集散控制系统概念的理解。然后按照下面步骤进行 ECS-700 组态软件操作实验。

步骤 1：

开启系统结构组态软件（VFSysBuilder），选择新建工程，工程名 "Test1"，创建者 "admin"，如图 5-47 所示。随后设置用户 admin 的密码，一律设置为 supcondcs。（实验过程中所有用户密码均设置为 supcondcs。）

图 5-46　CS4000 实验装置实物图

图 5-47　新建工程

步骤 2：

右击控制域组态，添加控制域，右击控制域，继续添加控制站，如图 5-48 所示。

右击操作域组态添加服务器和操作节点，如图 5-49 所示。在实际实验过程中，需要特别注意的是，用于组态的计算机的实际 IP 地址是否与组态服务器的地址一致，如果不一致需要在图 5-49 中标注的地方进行 IP 地址的修改。

步骤 3：

点击 admin，添加管理员对控制站和操作域操作权限；选择"编辑"→"默认工程"，将 Test1 工程设置为系统默认工程，需要输入上一个默认工程的用户名和密码。默认情况下，上一工程的用户名和密码为 admin 和 supcondcs，如图 5-50。

系统结构组态软件设置完毕，后续实验中该软件主要实现工程备份和还原其他工程文件

图 5-48　添加控制站

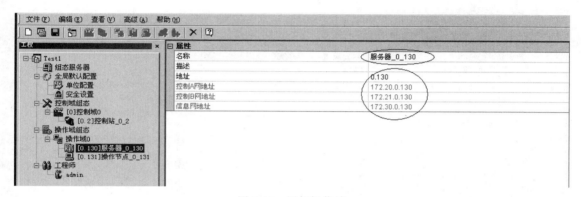

图 5-49　添加操作域

图 5-50　添加管理员操作权限

的功能。工程备份功能通过"文件"→"备份工程"实现。可以在 WinXP SP3 ECS-700 的虚拟机系统中完成控制组态和监测组态，然后将工程备份后，将工程文件复制到实验室工程师站，通过"高级"→"还原工程"实现工程的还原，经过设置操作后即可进行组态下载与组态发布，减轻在实验室的系统组态配置工作量。

在还原后，注意组态服务器的 IP 地址是否与实际所在地址一致，如果不一致，按照步骤 2 进行修改。

关闭该软件时，会弹出"全系统至少配置一台时钟同步服务器，确定要关闭吗？"的提示，对于非实际项目工程，可以忽略该提示，不设置时钟同步服务器。

步骤 4：

开启组态管理软件（VFExplorer），需要输入默认工程用户密码 supcondcs，之后进入组态管理软件界面。右击"控制站"→"从组态服务器打开"，如图 5-51。

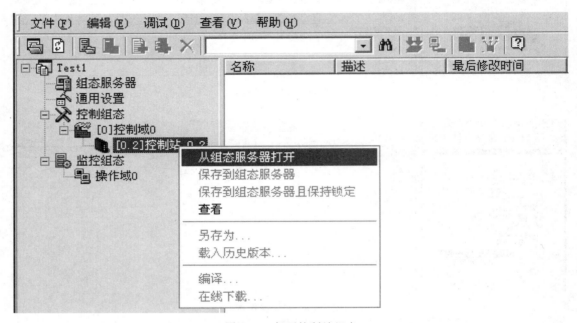

图 5-51 打开控制站组态

打开后可以看到控制组态界面，包括用户程序、用户功能块、硬件配置、位号表及单元控制，如图 5-52。本实验需要在位号表中进行检测仪表和执行器的配置，在用户程序中编写 PID 液位控制功能块程序。

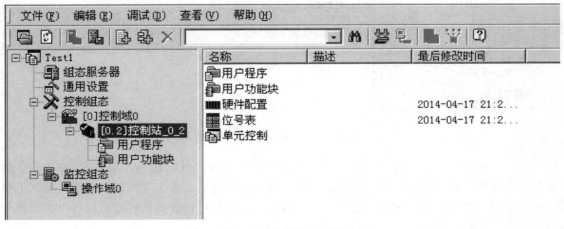

图 5-52 控制组态界面

步骤 5：

在实验室与实际 ECS-700 控制器相连，操作方法是打开硬件配置，选择 "调试" →
"扫描上载"，获取全部与 ECS-700 控制器相连的硬件 I/O 模块信息，如图 5-53。扫描完成
后，可以获得所有 I/O 模块信息。

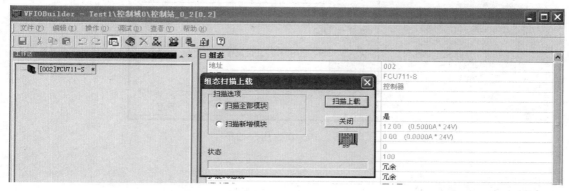

图 5-53　扫描硬件 I/O 模块信息

该步骤只能在实验室才能进行操作，虚拟机中无法完成该功能。在虚拟机中直接进入下
一步骤，根据实验室 I/O 模块实际接线，在位号表中进行位号信息设置。在实验室进行实
际对象操作的实验中必须进行该步骤。

步骤 6：

点击进入位号表设置，本实验需要进行左上水槽液位 LI＿001 和电动调节阀 FO＿001 两
个位号的设置。注意地址信息表明了实际系统中接入 I/O 模块的仪表和执行器连线。LI＿001
地址为 "000-000-000-000"，FO＿001 地址为 "000-000-002-000"，如图 5-54、图 5-55 所示。

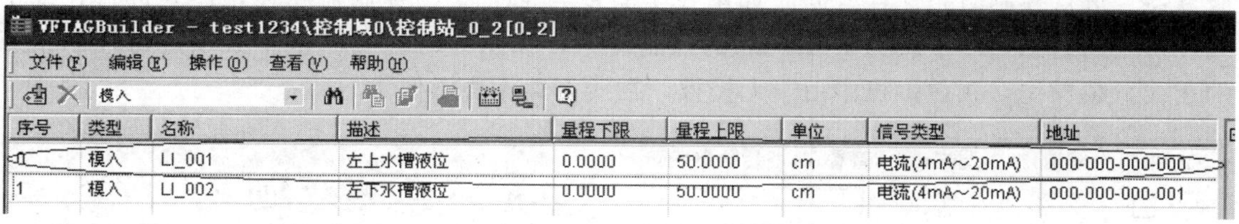

图 5-54　模入位号信息设置

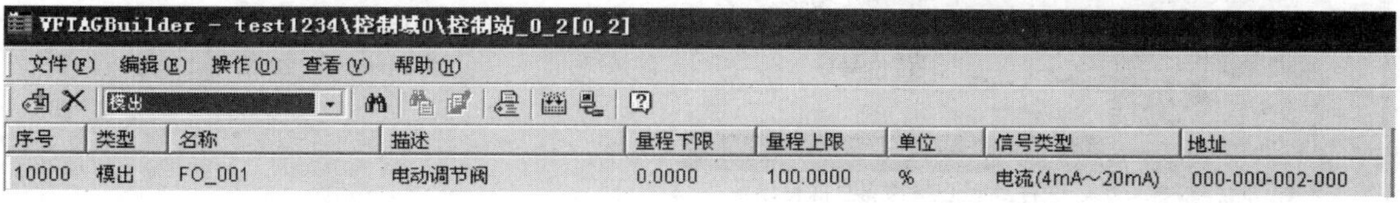

图 5-55　模出位号信息设置

步骤 7：

右击 "用户程序"，点击 "新建"，输入程序名称 "pid"，如图 5-56 所示。

确定后双击 "pid" 图标进入用户功能块程序编写界面，编写 PID 控制功能块程序，
PID 模块命名为 "LIC＿001"，如图 5-57 所示。完成程序后进行编译，无错误后关闭编程
界面。

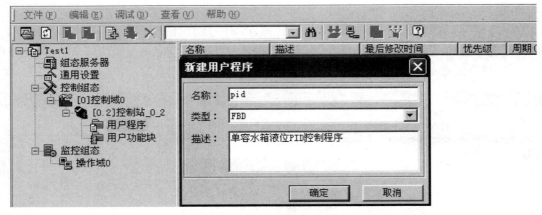

图 5-56　新建用户程序

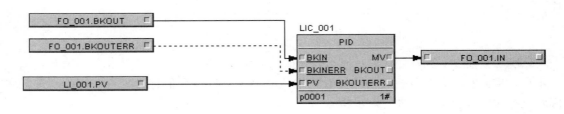

图 5-57　用户程序编写

步骤 8：

完成控制站硬件配置、位号表配置及用户程序编写后，右击"控制站"→"保存到组态服务器"进行控制组态保存。同时如果在实验室与 ECS-700 控制器相连，还要进行在线下载，将控制组态程序下载到 ECS-700 的控制器中，如图 5-58。实验室中必须进行控制组态的在线下载操作，在虚拟机中由于无授权，在线下载无法操作。

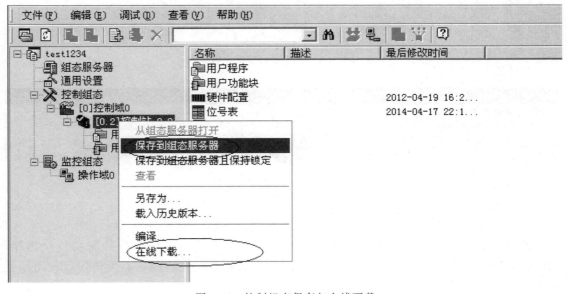

图 5-58　控制组态保存与在线下载

步骤 9：

完成控制组态后，进行监控组态，右击"操作域 0"→"从组态服务器打开"，打开 VFHMICfg 界面，右击"操作小组"→"添加操作小组"。在操作小组中可以进行趋势画面、流程图、报警界面等功能的设置。本次实验主要通过流程图进行监控。

进行流程图组态前，需要首先绘制流程图资源文件，右击"资源文件"→"流程图"→"添加"，命名"单容水箱对象特性测试.pic"，如图 5-59 所示。

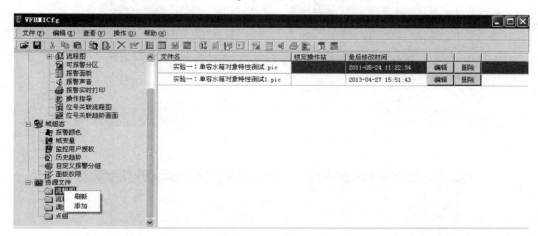

图 5-59　添加流程图资源文件

保存后在流程图组态操作中点击"?"，选择"单容水箱对象特性测试.pic"，如图 5-60 所示。

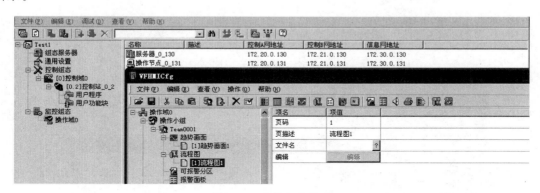

图 5-60　监控组态界面

点击"编辑"进入 VFDraw 流程图绘制界面，如图 5-61 所示，进行流程图绘制与仪表位号监控关联，具体操作控件从左边工具箱进行选取。

主要关联的位号有 3 个：左上水箱液位 LI _ 001.PV，主回路液位控制测量值 LIC _ 001.PV，主回路液位控制电动调节阀输出量 LIC _ 001.MV。

步骤 10：

完成流程图绘制后，实际监控中用户权限非常重要，进入系统监控之前还必须要做的一件重要的事情是设定一下监控的权限用户。点击"域组态"，进入"监控用户授权"，如图 5-62 所示。

设置特权用户 Admin 的密码为 supcondcs，如图 5-63。

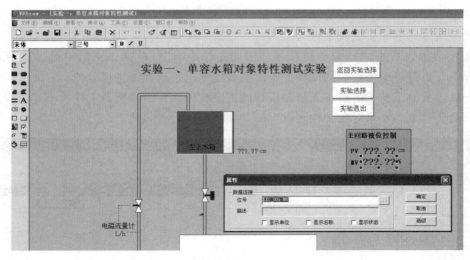

图 5-61　流程图绘制界面

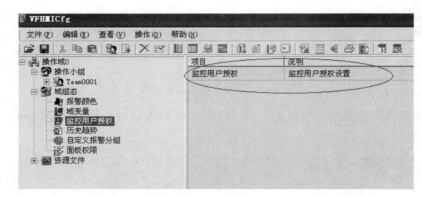

图 5-62　监控用户授权

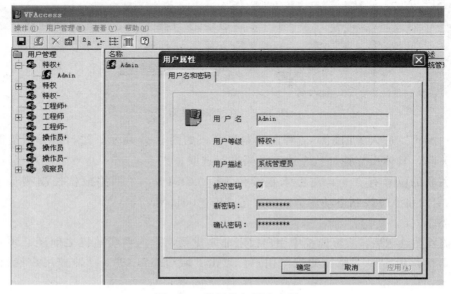

图 5-63　设置特权用户密码

步骤 11：

完成流程图组态和特权用户 Admin 密码设置后，右击"操作域"→"组态发布"进行监控组态发布，如图 5-64 所示。只有组态发布在本机上成功后才能运行下一步的监控软件启动。如果组态发布不能成功，检查操作节点 IP 地址与本机 IP 地址设置是否一致。如不一致则按照步骤 2 方法进行修改。只需要在本机发布成功即可。

图 5-64　监控组态发布

步骤 12：

开启实时监控软件（VFLaunch），启动模式勾选选择"监控软件"，选择"操作域 0"，如图 5-65。

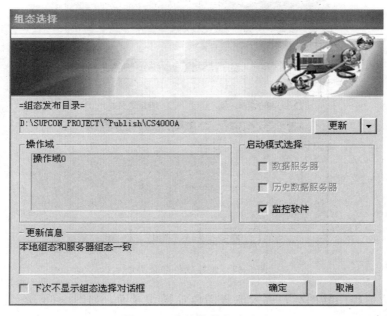

图 5-65　监控软件启动画面

点击确定后可以进入监控软件主画面，如图 5-66。

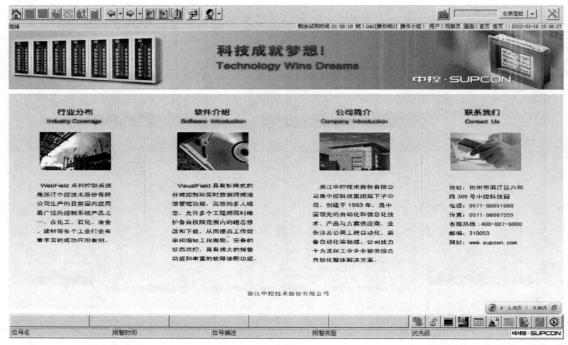

图 5-66　监控软件主画面

点击左上方用户登录 图标，选择用户名 Admin，输入密码 supcondcs，如图 5-67 所示，则可以进入操作监控画面。只有具有了用户权限才可以进行操作和安全退出监控系统。

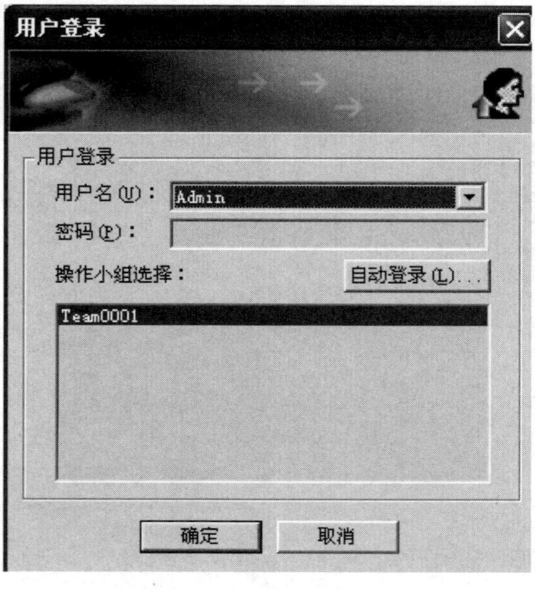

图 5-67　监控软件登录界面

点击左上方流程图 图标，进入流程图监控操作界面，如图 5-68 所示。图中"？？？？"的意思是没有与实际对象建立连接。在实验室环境下，如果控制组态下载成功，监控组态发布正确，则可以看到左上水槽实际液位，并能对水槽液位进行反馈控制。首先设置 PID 参数，然后进行手自动切换操作，对水槽液位进行反馈控制。

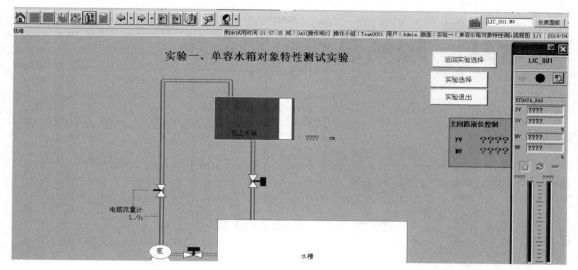

图 5-68　流程图监控界面

六、实验小结

本实验通过对浙江中控 ECS-700 集散控制系统的深入了解，掌握集散控制系统 DCS 的结构特点；通过对 DCS 组态软件的使用，对整个系统的运行模式有全面直观的了解，可以对控制对象进行参数设置和操作，且能掌握 DCS 系统控制策略组态和监控组态，初步掌握大型 DCS 装置在实际工程上的应用方法。

<　　思考题与习题　　>

1. DCS 系统的全称是什么？
2. 简述 DCS 系统各个部分组成。
3. 简述 DCS 系统的基本特点。

第六章 现场总线控制系统

本章重点阐述现场总线技术基本概念以及工业以太网技术，重点介绍现场总线控制系统——EPA 工业以太网控制系统。

第一节 现场总线技术

一、现场总线简介

随着计算机网络和通信技术的发展，自动化系统也产生了变革。信息技术渗透至工业生产现场的各个方面，带来了极大的便利。传统的 DCS 系统在结构上存在一些缺陷，需要一种新型的系统体系结构。现场总线（Fieldbus）技术的产生是具有通信功能的智能现场设备发展的必然结果，同时也是数字化工厂综合自动化发展的迫切需要。现场总线的技术来源如图 6-1 所示。

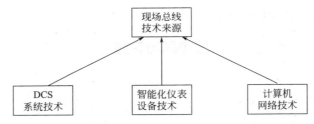

图 6-1　现场总线的技术来源

测控系统的发展，从早期的基地式气动仪表和气动、电动系列的单元组合式仪表，到后来的组装式综合控制装置，直到 DCS 集散控制系统（其布线方式如图 6-2 所示）的出现，已经做到了将显示、操作和管理集中，且将控制、负载和危险分散。但是像这样的传统控制系统的缺点是不可忽视的。

1. 信息集成能力不强

控制器与现场设备之间靠 I/O 连线连接，传送 4～20mA 模拟量信号或 24V DC 的开关量等变量。控制器获取信息量有限，其他的大量信息，如设备参数、故障记录等数据很难得到。底层生产数据不全造成信息集成能力不强，不能满足数字化工厂的要求。

2. 系统不开放、可集成性差、专业性不强

现场设备均靠标准 4～20mA/24V DC 信号连接，系统其它软、硬件通常只能使用一家产品。不同厂家产品之间缺乏互操作性、互换性，因此可集成性差。这种系统很少留出开发

接口去允许其它厂商将自己专长的控制技术，如控制算法、工艺流程、生产配方等集成到通用系统中去。

3. 可靠性不易保证

对于大范围的分布式系统，铺设大量的 I/O 电缆，不仅增加成本，也增加了系统的不可靠性。

4. 可维护性不高

由于现场级设备采集信息不全，现场级设备的在线故障诊断、报警、记录功能不强。另一方面也很难完成现场设备的远程参数设定、修改等参数化功能，影响了系统的可维护性。

由于处于生产过程底层的测控自动化系统采用一对一连线，用电压和电流的模拟信号进行测量控制，或采用自封闭式的集散系统，难以实现设备之间以及系统与外界之间的信息交换，使自动化系统成为"信息孤岛"。

为解决上述问题，需要自动控制信息集成，需要设计一种能在工业现场环境运行的、性能可靠的、造价低廉的工厂底层网络，实现自动化设备之间的多点数字通信，实现底层设备之间以及生产现场与外界的信息交换。现场总线在这种实际需求下应运而生。

到了 20 世纪 80 年代，现场总线技术的出现，实现了现场自动化设备之间的多点数字通信，和现场设备之间以及生产现场与外界的信息交换。现场总线控制系统（FCS，Fieldbus Control System）是一种开放的、全分布式的控制系统，其布线方式如图 6-3 所示。

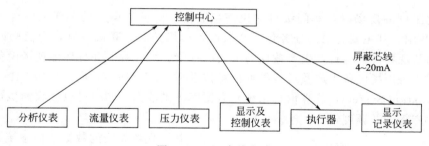

图 6-2　DCS 布线方式

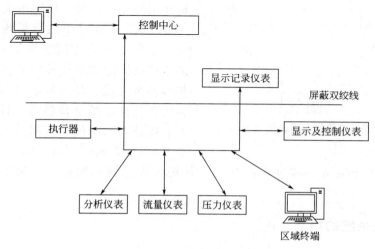

图 6-3　FCS 布线方式

现场总线是连接智能现场设备和自动化系统的数字式、双向传输、多分支结构的通信网络。以测量控制设备作为网络节点，以双绞线等传输介质作为纽带，把位于生产现场、具备了数字计算和数字通信能力的测量控制设备连接成网络系统。按照公开、规范的网络协议，在多个测量控制设备之间以及现场设备与远程监控计算机之间，实现数据传输与信息交换，形成适应各种应用需要的自动控制系统。

现场总线控制系统的现场设备在不同程度上都具有数字计算和数字通信能力。这一方面提高了信号的测量、控制和传输精度，另一方面为丰富控制信息的内容、实现其远程传送创造了条件。借助现场设备的计算、通信能力，在现场就可以进行多种复杂的控制计算，形成真正分散在现场的完整的控制系统，提高了控制系统运行的可靠性。同时还可借助现场总线控制网络以及与之有通信连接的其他网络，实现异地远程自动控制，如操作远在数百里之外的电气开关；也可以提供传统仪表不能提供的如设备资源、阀门开关动作次数、故障诊断等信息，便于操作管理人员更好、更深入地了解生产现场和自控设备的运行状态。

数字化工厂（DF，Digital Factory）是以产品全生命周期的相关数据为基础，在计算机虚拟环境中，对整个生产过程进行仿真、评估和优化，并进一步扩展到整个产品生命周期的新型生产组织方式。数字化工厂的体系结构可分为 5 层，即工厂级、车间级、单元级、工作站级和现场级。简化的 DF 也可以分为 3 层，即工厂级、车间级和现场级。在一个现代化、大规模的工业生产过程控制中，工业数据结构同样分为这三个层次，与简化的网络层次相对应。

数字化工厂的现场级与车间级自动化信息监控及信息的集成是实现工厂自动化管理及 DF 的重要基础。其主要完成的任务包括底层设备单机控制、联机控制，通信联网，在线设备状态监测及现场设备运行，生产数据的采集、存储、统计等。并且保证现场设备高质量完成生产任务，将现场设备生产及运行数据信息传送到工厂管理层，向工厂级 MIS（Management Information System，管理信息系统）数据库提供数据，同时可以接收和执行工厂管理层下达的生产管理及调度命令。

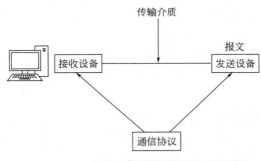

图 6-4　基于现场总线的数据通信系统示例

基于现场总线的数据通信系统如图 6-4 所示，由数据的发送设备、接收设备、作为传输介质的现场总线、传输报文和通信协议等部分组成。因此这里的数据通信系统实际上是一个以总线为连接纽带的硬软件结合体。通常将数据传输总线按照通信帧的长度分为传感器级总线、设备级总线和现场总线。设备级总线用于处理传感器、行程开关、继电器、接触器和阀门定位器这类工业设备，例如 CAN（Control Area Network）总线。而现场总线主要用于完成一些过程控制器或现场仪表之间的通信，例如 FF（Foundation Fieldbus）总线。

二、现场总线系统的特点

从结构上看，设备之间采用网络式连接是现场总线系统在结构上最显著的特征之一。现场总线系统中，由于设备增强了数字计算能力，有条件将各种控制计算功能模块、输入输出功能模块置入到现场设备之中。与半分散的 DCS 不同，FCS 借助现场设备所具备的通信能力，直接在现场完成测量变送仪表与阀门等执行机构之间的信息传送，实现了彻底分散在现场的全分布式控制。而从技术角度分析，FCS 具有以下几个特点。

1. 系统的开放性

系统的开放性体现在通信协议公开，不同制造商提供的设备之间可实现网络互联与信息交换。一个开放系统，是指它可以与世界上任一制造商提供的、遵守相同标准的其他设备或系统相互连通。而现场总线系统应该成为自动化领域的开放互联系统。

2. 互可操作性与互用性

互可操作性，是指网络中互联的设备之间可实现数据信息传送与交换；互用则意味着不同生产厂家的性能类似的设备可以相互替换。

3. 通信的实时性与确定性

现场总线系统的基本任务是实现测量控制，有些测控任务有严格的时序和实时性要求。其能提供相应的通信机制和时间发布与时间管理功能，满足控制系统的实时性要求。需要注意的是，现场总线系统中的媒体访问控制机制、通信模式、网络管理与调度方式等都会影响通信的实时性、有效性与确定性。

4. 现场设备的智能与功能自治性

现场设备的智能主要体现在现场设备的数字计算与数字通信能力上。而功能自治性则是指将传感测量、补偿计算、工程量处理、控制计算等功能块分散嵌入到现场设备中，借助位于现场的设备即可完成自动控制的基本功能，构成全分布式控制系统，同时具有随时诊断设备工作状态的能力。

5. 对现场环境的适应性

FCS 系统在高温、严寒、粉尘环境下可以保持正常工作状态，具备抗振动、抗电磁干扰能力；在易燃易爆环境下能保证本质安全，有能力支持总线供电。这也是总线控制网络区别于普通计算机网络的重要特点。

同时相较于传统的控制系统，FCS 具有以下几个优点：

1. 节省硬件数量与投资

智能现场设备直接执行多参数测量、控制、报警、累计计算等功能，减少了变送器的数量，并且不需要 DCS 系统的信号调理、转换等功能单元，节省硬件投资，减少控制室的占地面积。

2. 节省安装费用

智能现场总线系统在一对双绞线或一条电缆上通常可挂接多个设备，因此连线简单，与传统连接方式相比，所需电缆、端子、槽盒、桥架的用量大大减少。当需要增加新的现场设备时，无需增设新的电缆上，就近连接在原有电缆上，既节省了投资，也减少了设计、安装的工作量。

3. 节省维护开销

现场控制设备具有自诊断与简单故障处理的能力，可通过数字通信将相关诊断维护信息发往控制室，便于用户查询，以便及时分析故障原因并快速排除，缩短了维护停工时间。并且 FCS 系统结构简化，连线较为简单，从而减少了维护工作量。

4. 用户具有系统集成主动权

用户可以自由选择不同厂商提供的设备来集成系统，将系统集成过程中的主动权牢牢掌握在自己手中。

5. 提高了系统的准确性与可靠性

现场总线设备的智能化、数字化，与模拟信号相比，从根本上提高了测量与控制的精确度，减少了传送误差。而系统的结构简化、设备与连线减少、现场仪表内部功能加强，减少了信号的往返传输，提高了系统的工作可靠性。同时设备标准化、功能模块化，使系统具有设计简单、易于重构等优点。

但现场总线系统也存在一些劣势，例如在该系统内网络成为各组成部件之间的信息传递通道，这使得其成为控制系统不可缺少的组成部分之一。但是与此同时，网络通信中数据包的传输延迟、通信系统的瞬时错误和数据包丢失、发送与到达次序的不一致等，都会破坏传统控制系统原本具有的确定性，使得控制系统对数据的分析和综合变得更复杂，并令其性能受到负面影响。

三、以现场总线为基础的企业网络系统

以现场总线为基础的企业网络系统按照功能结构可分为企业管理层、过程监控层和现场控制层，如图 6-5 所示。这种企业网络早期的结构非常复杂，但随着互联网技术的发展和普及，其功能层次的划分也更为简化。这种企业网络得以实施依赖于开放的、数字化的、多点通信的底层网络，将现场总线作为设备之间的纽带。其主要作用就是借助现场总线将控制设备连接成控制系统，构成网络集成式测量控制系统。位于生产控制和网络结构底层的低带宽网络，可与局域网、Internet、Intranet 相连，构成开放的网络。这样的企业网络由于自身的特殊性，其更加适应目前的工业应用环境，同时也要求设备具有实时性强、可靠性高和安全性好的特点。但该系统也存在通信传输速率相对较低的问题。

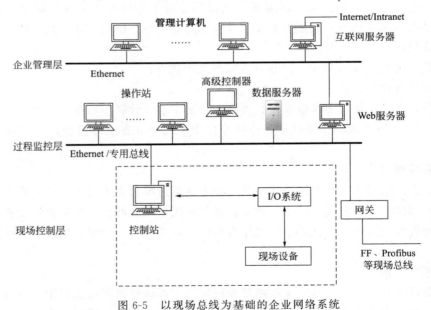

图 6-5　以现场总线为基础的企业网络系统

控制网络与上层网络的连接方式一般有以下三种：

① 采用专用网关完成不同通信协议的转换，把控制网段或 DCS 连接到以太网，如图 6-6 所示。

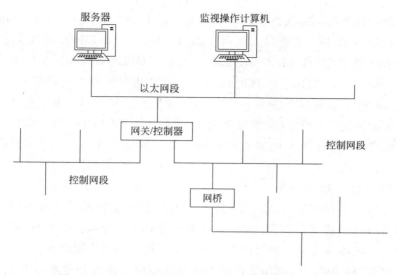

图 6-6　现场总线控制网段与信息网络之间的网关连接

② 将现场总线网卡和以太网卡都置入工业计算机，如图 6-7 所示。

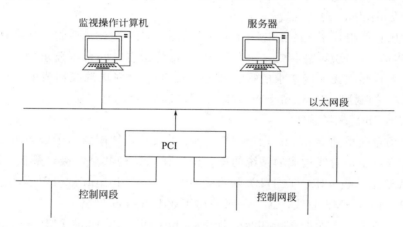

图 6-7　采用 PCI 卡连接控制网段与上层网络

③ 将 Web 服务器直接置入 PLC 或现场控制设备内，借助 Web 服务器或通用浏览工具，实现数据信息的动态交互。

四、现场总线技术的标准化

现场总线技术始发于 20 世纪 80 年代，早期的现场总线技术是与 PLC 同时出现的，由 Culter-Hammer 在七十年代推出的 Directrol 是第一个设备层现场总线系统。到了八十年代，例如 General Electric 公司推出的 Genius I/O，Phoenix 公司的 Interbus-S，丹麦 Process Data 公司 1983 年推出的 P-NET，德国 Siemens 公司 1984 年推出的 Profibus（Process Field Bus 的简称），法国 Alstom 公司 1987 年推出的 FIP（Factory Instrumentation Protocol），都属于早期推出且至今仍有较大影响的现场总线体系统。

目前欧洲、北美、亚洲的许多国家已经形成了一百多种现场总线标准，开放型总线有四十多种。

同时也出现了各种现场总线组织，例如现场总线基金会（Fieldbus Foundation）、Lon-Mark 协会、Profibus 协会、工业以太网协会 IEA（Industrial Ethernet Association）、工业自动化开放网络联盟 IAONA（Industrial Automation Open Network Alliance）、Society of Automotive Engineers（SAE）等。同时许多国际标准化组织也参与制定了现场总线标准，例如 IEC——国际电工委员会、ISO——国际标准化组织。其中国际电工委员会 IEC 极为重视现场总线标准的制定，早在 1984 年就筹备成立了 IEC/TC65/SC65C/WG6 工作组，开始起草现场总线标准。经过十五年的努力和曲折斗争，2000 年 1 月 4 日，IEC 终于推出了以下现场总线标准：

Type1：IEC 61158 技术规范

1999 年一季度出版的 IEC 61158 TS 技术规范全面定义的现场总线称作 Type1 现场总线。该现场总线的网络协议是按照 ISO OSI 参考模型建立的，它由物理层、数据链路层、应用层以及考虑到现场装置的控制功能和具体应用而增加的用户层组成。

标准规定了 32 种功能块，现场装置使用这些功能块完成控制策略。由于装置描述功能包括描述装置通信所需的所有信息，并且与主站无关，所以可使现场装置实现真正的互操作性。常见到的基金会现场总线（FF）就是 Type1 现场总线的一个子集（Subset）。

Type2：ControlNet 现场总线

Type2 现场总线得到了 ControlNet International（CI）组织的支持。ControlNet 的基础最早于 1995 年面世。该总线网络是一种用于对信息传送有时间苛刻要求的、高速确定性网络；同时，它允许传送无时间苛求的报文数据。由 Type2 现场总线构成的系统结构有信息层（Ethernet）、控制层（ControlNet）和现场层（DeviceNet）三层。

Type3：Profibus 现场总线

Type3 现场总线得到 Profibus 用户组织 PNO 的支持，德国西门子公司则是 Profibus 产品的主要供应商。由该总线构成的系统的通信网络体系结构共分 4 级，最低一级执行器/变送器级采用 ASI 位总线（IEC TC17B）标准，现场一级采用 Profibus-DP 现场总线，车间单元一级采用 Profibus-FMS 总线，工厂一级使用工业 Ethernet 网络。

Profibus 系列由三个兼容部分组成，即 Profibus-DP、Profibus-FMS 和 Profibus-PA 三条总线。Profibus-DP 特别适用于装置一级自动控制系统与分散 I/O 之间高速通信，它使用物理层、数据链路层以及用户接口。这种结构能够保证快速和有效的数据传送，在用户接口中定义了用户和系统使用的应用功能，以及 Profibus-DP 装置的特性。传输可使用 RS-485 或光纤媒体。

Type4：P-NET 现场总线

Type4 现场总线由丹麦 Process-Data Sikebrorg Aps 从 1983 年开始开发，主要应用于啤酒、食品、农业和饲养业，现已成为 EN50170 欧洲标准的第 1 部分。它得到 P-NET（Process Automation NET）用户组织的支持。

Type5：FF HSE（High Speed Ethernet）

Type5 现场总线即为 IEC 定义的 H2 总线，它由 Fieldbus Foundation（FF）组织负责开发，并于 1998 年决定全面采用广泛应用于 IT 产业的高速以太网（High Speed Ethernet，HSE）标准。该总线使用框架式以太网（Shelf Ethernet）技术，传输速率从 100Mbit/s 到

1Gbit/s 或更高。

HSE 完全支持 Type1 现场总线的各项功能，诸如功能块和装置描述语言等，并允许基于以太网的装置通过一种连接装置与 H1 装置相连接。连接到一个连接装置上的 H1 装置无须主系统的干预就可以进行对等层通信，也可以与另一个连接装置上的 H1 装置直接进行通信。HSE 总线成功地采用 CSMA/CD 链路控制协议和 TCP/IP 传输协议，并使用了高速以太网 IEEE802.3u 标准的最新技术。Type5 现场总线于 2000 年 3 月完成了规范制定，进入工业自动化领域。

Type6：Swift Net 现场总线

Type6 现场总线由美国 SHIP STAR 协会主持制定，得到美国波音公司的支持，是为满足波音飞机对同步、高速数据传输的需要而研制开发的控制网络技术，具有传输速率高、系统性能稳定、错误率低等优点。其主要应用于飞机测试、飞机模拟中的直接数字控制和系统操作，在原油油井探测、深海原油平台、采矿业、交通系统和校园网络等处也有应用。该总线是一种结构简单、实用性高的总线，协议仅包括物理层和数据链路层，在标准中没有定义应用层。

Type7：WorldFIP 现场总线

成立于 1987 年的 WorldFIP 协会制定并大力推广 Type7 现场总线。WorldFIP 协议是欧洲标准 EN50170 的第三部分。物理层采用 IEC 61158.2 标准，其产品在法国占有 60% 的市场，在欧洲市场占有大约 25% 的份额。它们广泛用于发电与输配电、加工自动化、铁路运输、地铁和过程自动化等领域。

WorldFIP 现场总线构成的系统分为三级，即过程级、控制级和监控级。它能满足用户的各种需要，适用于各种类型的应用结构，如集中型、分散型和主站/从站型。用单一的 WorldFIP 总线可以满足过程控制、工厂制造加工和各种驱动系统的需要。为了适应低成本的要求，开发了低成本的 Device WorldFIP（DWF）总线，它是装置一级的网络，能很好地适应工业现场的各种恶劣环境，并具有本质安全防爆性能，可以实现多主站与从站的通信。

Type8：Interbus 现场总线

Type8 现场总线由德国 Phoenix Contact 公司开发，Interbus Club 俱乐部支持。它是一种串行总线系统，适用于分散输入/输出，以及不同类型控制系统间的数据传输。协议包括物理层、链路层和应用层。它已成为德国 DIN19258 标准。

Interbus 总线可构成主/从式和环型拓扑网络，传输速率为 500kbit/s，采用 RS-485 屏蔽双绞电缆。数据链路层采用整体帧协议（Total Frame Protocol）方式传输循环过程数据和非循环数据，共有 16 个二进制过程数据同时被集成在循环协议中。应用层服务只对主站有效，用于实现实时数据交换、变量访问、程序调用和 12 个相关的服务。Interbus 总线对单主机的远程 I/O 具有良好的诊断能力。

经历了一系列的混乱局面之后，目前依然是多种标准并存的局面。例如 FF 主要应用于过程自动化，而 Profibus 一般存在于离散工业和机械制造业自动化，WorldFIP 则主要应用于交通行业自动化。

近几年正在进行的实时以太网的标准化进程又重蹈覆辙，有 11 个基于实时以太网的 PAS（Publicly Available Specification，公共可用规范）文件进入了 IEC61784-2，它们是 EtherNet/IP、PROFINET、P-NET、Interbus、VNET/IP、TCnet、EtherCAT、Ethernet

Powerlink、EPA（Ethernet for Process Automation）、Modbus-RTPS、SERCOS-Ⅲ。IEC61158目前包含了20种现场总线类型，参见表6-1。

表 6-1 IEC61158 现场总线类型

类型	技术名称	类型	技术名称
Type1	TS61158 现场总线	Type11	TCnet 实时以太网
Type2	CIP 现场总线	Type12	EtherCAT 实时以太网
Type3	Profibus 现场总线	Type13	Ethernet Powerlink 实时以太网
Type4	P-NET 现场总线	Type14	EPA 实时以太网
Type5	FF HSE 高速以太网	Type15	Modbus-RTPS 实时以太网
Type6	SwiftNet(被撤销)	Type16	SERCOS Ⅰ、Ⅱ 现场总线
Type7	WorldFIP 现场总线	Type17	VNET/IP 实时以太网
Type8	INTERBUS 现场总线	Type18	CC-Link 现场总线
Type9	FF H1 现场总线	Type19	SERCOS Ⅲ 实时以太网
Type10	PROFINET 实时以太网	Type20	HART 现场总线

第二节 工业以太网技术

一、工业以太网简介

工业以太网源于以太网而又不同于普通以太网，它是互联网系列技术延伸到工业应用环境的产物。互联网及普通计算机网络采用的以太网技术原本并不适应控制网络和工业环境的应用需要，通过对普通以太网技术进行通信实时性改进和工业应用环境适应性的改造，并添加了一些控制应用功能后，工业以太网技术主体形成。

工业以太网需要在继承和部分继承以太网原有核心技术的基础上，应对适应工业环境性、通信实时性、时间发布、各节点间的时间同步、网络的功能安全与信息安全等问题，提出相应的解决方案，并添加控制应用功能。同时还要针对某些特殊的工业应用场合提出的网络供电、本安防爆等要求给出解决方案。

以太网和互联网原有的核心技术是工业以太网的重要基础，而对以太网实行环境适应性、通信实时性等相关改造、扩展的部分，成为了工业以太网的特色技术。目前工业以太网的代表技术有：FF 中的高速网段 HSE、Profibus 的上层网段 PROFINET、EtherNet/IP 和 Modbus/TCP。

要实现工业以太网的应用，只需要在控制器、PLC 测量变送器、执行器、I/O 卡等设备中嵌入以太网通信接口、TCP/IP 协议和 Web Server，便可形成支持以太网、TCP/IP 协议和 Web 服务器的 Internet 现场节点。借助 IE 等通用的网络浏览器实现对生产现场的监视与控制，进而实现远程监控，也是工业以太网的一个有效解决方案。

以太网的物理层与数据链路层采用了 IEEE802.3 的规范，网络层和传输层采用 TCP/IP

协议组，应用层则采用简单邮件传送协议 SMTP、简单网络管理协议 SNMP、域名服务 DNS、文件传输协议 FTP 和超文本链接 HTTP 等应用协议。

工业以太网的特色技术体现在以下方面：

1. 应对环境适应性的特色技术

工业以太网应对环境适应性的改造措施，很重要的一方面是打造工业级产品。针对工业应用环境需要、具有相应防护等级的产品称之为工业级的产品，防护级工业产品是工业以太网特色技术之一，这也是工业级产品在设计之初要注重材质、元器件工作温度范围的选择。

2. 应对通信非确定性的缓解措施

普通以太网采用载波监听多路访问/冲突检测（CSMA/CD）的媒体访问控制方式，这种平等竞争的非确定性网络，不能满足控制系统对通信实时性、确定性的要求，被认为不适合用于底层工业控制，这是以太网进入控制网络领域在技术上的最大障碍。如何充分发挥以太网原本具有的传输效率高、全双工交换等技术优势，缓解介质访问控制方式的非确定性对控制实时性的影响，在本节最后部分内容将详细地讨论这一问题。

3. 实时以太网

实时以太网是在应对工业控制中通信实时性、确定性而提出的根本解决方案，自然属于工业以太网的特色和核心技术。从控制网络的角度看，工作在现场控制层的实时以太网，实际上属于现场总线的一个新类型。

4. 网络供电

网络传输介质在用于传输数字信号的同时，还为网络节点设备传递工作电源，称之为网络供电。工业以太网目前有两种供电方式，一种利用5类双绞线现有的信号接收与发送两对线缆，将符合以太网规范的曼彻斯特编码信号调制到直流或低频交流电源上，通过供电交换机向网络节点设备供电；另外一种采用5类线缆中空闲线对网络节点供电。

5. 本质安全

本质安全是指将送往易燃易爆危险场合的能量，控制在引起火花所需能量的限度之内，从根本上防止在危险场合产生火花，使系统安全得到保障。以太网收发器的功耗较高，设计低功耗以太网设备还存在一些难点，真正符合本质安全要求的工业以太网还有待进一步努力。对应用于危险场合的工业以太网交换机等，目前一般采取隔爆型作为防爆措施。

工业以太网的特色技术还有许多，如应用层的控制应用协议、控制功能块、控制网络的时间发布与管理，都是以太网、互联网中原先不曾涉及的技术。但与此同时工业以太网也可以利用以太网具有的技术优势，缓解其通信非确定性弊端对控制实时性的影响。这些措施主要涉及以下方面：

1. 利用以太网的高通信速率

相同通信量的条件下，提高通信效率可以减少通信信号占用传输介质的时间，从一个角度为减少信号的碰撞冲突、解决以太网通信的非确定性提供了途径。以太网的通信速率从 10Mbit/s、100Mbit/s 提高到 1Gbit/s，以至更高，对于一般控制网络通信速率而言，通信效率的提高是明显的，因而对减少碰撞冲突也是有效的。

2. 控制网络负荷

从另一个角度看，减轻网络负荷也可以减少信号的碰撞冲突，提高网络通信的确定性。研究结果表明，在网络负荷低于满负荷的 30% 时，以太网基本可以满足对一般控制系统通信确定性的要求。

3. 采用全双工以太网技术

采用全双工以太网，使网络处于全双工的通信环境下，也可以明显提高网络通信的确定性。全双工设备可以同时发送和接收数据，这样更具备保证通信确定性的条件。

4. 采用交换式以太网技术

在传统的以太网中，多个节点共享同一个传输介质，共享网络的固定带宽。采用交换机接收并存储通信帧，根据目的地址和端口地址表，把通信帧转发到相应的输出端口，为连接在其端口上的每个网络节点提供独立的带宽，可以使不同设备之间产生冲突的可能性大大降低。

采取上述措施虽然可以使以太网通信的非确定性问题得到相当程度的缓解，但仍然没有从根本上解决通信的确定性与实时性问题。要使工业以太网完全满足控制实时性的要求，应采用实时以太网（响应时间小于 5ms）。

二、以太网的物理连接与帧结构

以太网的物理连接可以分为基带与宽带两个类别，在工业以太网中采用的是基带类技术，如图 6-8 所示。以太网物理连接采用的 IEEE 802.3 中，将基带类 10Mbit/s 的以太网分为了 10Base5、10Base2、10BaseT 和 10BaseF 四种。其中，10BaseT 是以太网技术发展的里程碑，其以非屏蔽双绞线为传输介质，采用 RJ-45 连接器，这种物理连接方式价格低廉，便于安装，且具有一定的抗电磁干扰能力，被广泛应用于计算机网络的组网。

图 6-8　工业以太网物理连接

以太网的帧结构由七个部分组成，包括了前导码、帧前定界码、目的地址、源地址、协议数据单元的长度/类型、数据域和循环冗余校验 CRC 域。IEEE802.3 标准具体定义了以太网数据帧的封装格式，如图 6-9 所示。其中，前导码包含了 7 个字节，用于表示数据流的开始；帧前定界码只有 1 个字节，表示这一帧的实际内容开始了；目的地址为 6 个字节，源地址同样也是 6 个字节；数据单元的长度/类型有 2 个字节；数据域长度为 46 个字节到

1500 个字节不等；循环冗余校验 CRC 域一共有 4 个字节。以太网的帧结构和封装过程可参考图 6-10。

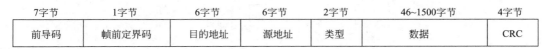

7字节	1字节	6字节	6字节	2字节	46~1500字节	4字节
前导码	帧前定界码	目的地址	源地址	类型	数据	CRC

图 6-9　以太网数据帧的封装格式

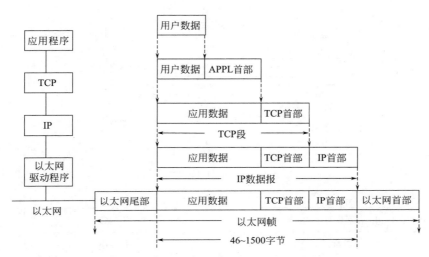

图 6-10　以太网的帧结构与封装过程

工业以太网中的数据传输，一般以 TCP/UDP/IP 协议为基础，将工业数据封装进数据包中，并把数据包在以太网上进行传送。工业以太网中通常利用 TCP/IP 协议来发送非实时数据，而用 UDP/IP 来发送实时数据。非实时数据的特点是数据包的大小经常变化，且发送时间不定。而实时数据的特点则是数据包短，需要定时或周期性通信。TCP/IP 一般用来传输组态和诊断信息，UDP/IP 用来传输实时 I/O 数据。现场总线控制网络与以太网结合，用以太网作为现场总线上层（高速）网段的场合，通常会采用 TCP/IP 和 UDP/IP 协议来包装现场总线数据，让现场总线网段的数据借助以太网传送到管理层或异地的另一现场总线网段上。

三、TCP/IP 协议组

TCP/IP（Transmission Control Protocol/Internet Protocol）是指传输控制协议和网际协议，协议组分层如图 6-11 所示。该协议组包含了应用层、运输层、网络层和链路层。其中，ARP 和 RARP 的功能是完成 IP 地址和网络连接设备物理地址之间的转换。ICMP 是负责因路由问题引起的差错报告和控制，IGMP 是多个目标传送设备之间的信息交换协议。应用层的协议往往被称作协议组的高层协议。

IP 协议是以包的形式进行数据的传输，每个包都独立传输，这个包也被称为数据报。IP 数据报的格式如图 6-12 所示。IP 协议也是网络层的主要协议，它的功能是提供没有连接的数据报传送和路由选择，通常与 TCP 协议一起使用。

SMTP
DNS
SNMP
SNTP
用户进程
用户进程
用户进程
用户进程
应用层
TCP
UDP
运输层
ICMP
IP
IGMP
网络层
ARP
硬件接口
RARP
链路层
媒体

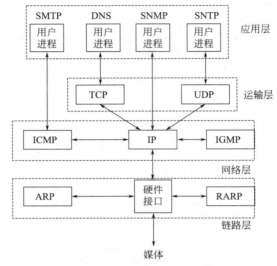

图 6-11　TCP/IP 协议组分层

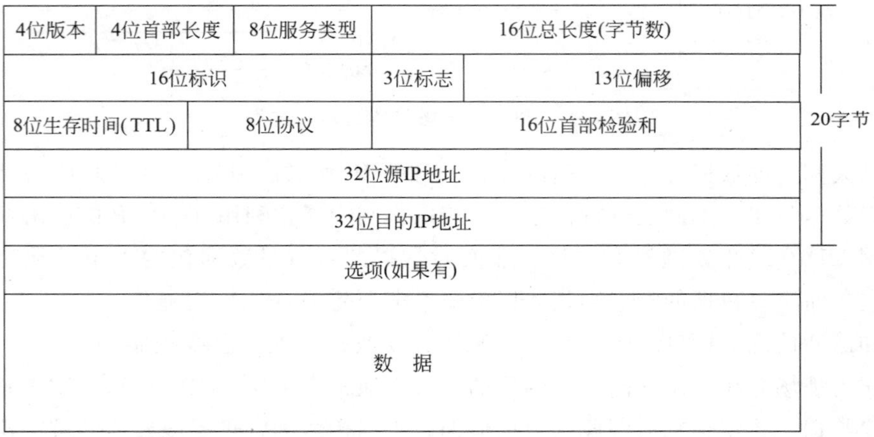

4位版本
4位首部长度
8位服务类型
16位总长度(字节数)
16位标识
3位标志
13位偏移
8位生存时间(TTL)
8位协议
16位首部检验和
32位源IP地址
32位目的IP地址
选项(如果有)
数 据
20字节

图 6-12　IP 数据报

IPv6 是互联网协议第 6 版“Internet Protocol Version 6”的缩写，这是一种新版本的 IP 协议。IPv6 是 IETF（互联网工程工作组）为了代替现有的互联网协议 IP 第 4 版（IPv4）而推出的下一代协议版本。IPv6 将 IP 地址从 32 位扩充为 128 位之后，为控制网络中的设备各自提供一个唯一的 IP 地址。

用户数据报协议 UDP 是一个无连接的端到端的传输层协议，仅仅为来自上层的数据增加端口地址、校验以及长度信息。UDP 所产生的包称为用户数据报。UDP 的报文格式如图 6-13 所示。UDP 区别于 TCP 的点在于，TCP 是基于连接的协议，而 UDP 是一个无连接协议。UDP 对系统资源的要求较少，且程序结构较为简单。

传输控制协议 TCP 为用户提供了完整的传输层服务，是一个可靠的面向连接的端到端协议。其要求通信两端在传输数据之前必须先建立连接。TCP 通过建立连接，在发送者和

16位源端口号	16位目的端口号
16位UDP长度	16位UDP检验和
数据(如果有)	

图 6-13　UDP 的报文格式

接收者之间建立起一条虚电路，这条虚电路在整个传输过程中都是有效的。TCP 通过通知接收者即将有数据到达来开始一次传输，同时通过连接中断来结束连接。通过这种方法，使接收者知道这是一次完整的传输过程，而不仅仅是一个包。TCP 的报文格式如图 6-14 所示。

16位源端口号		16位目的端口号
32位序号		
32位确认序号		
4位首部长度　保留(6位)　URG ACK PSH RST SYN FIN		16位目的端口号
16位检验和		16位紧急指针
选项		
数据		

图 6-14　TCP 的报文格式

简单网络管理协议 SNMP（Simple Network Management Protocol）属于应用层协议。管理程序和代理程序均按照客户服务器方式工作。管理程序运行 SNMP 客户程序，向某个代理程序发出请求（或命令），代理程序运行 SNMP 服务器程序，返回响应（或执行某个动作）。在网管系统中往往是一个（或少数几个）客户程序与很多的服务器程序进行交互。在多种不同协议控制网络并存的形式下，可以借助应用层的 SNMP，实现不同控制网络设备之间的数据交互和信息集成。网络管理的一般模型如图 6-15 所示。

四、典型的工业以太网

目前的工业以太网技术针对通信的实时性和准确性提出了一种解决方案，称之为实时以太网，这也是工业以太网的特色与核心技术。较为常见的实时以太网包括了 PROFINET、Modbus/TCP、EtherNet/IP 和 EtherCAT，它们的通信参考模型如图 6-16 所示。

過程自動化控制装置与系统

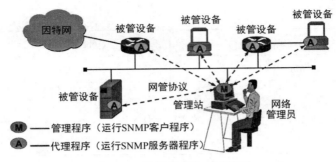

图 6-15 网络管理的一般模型

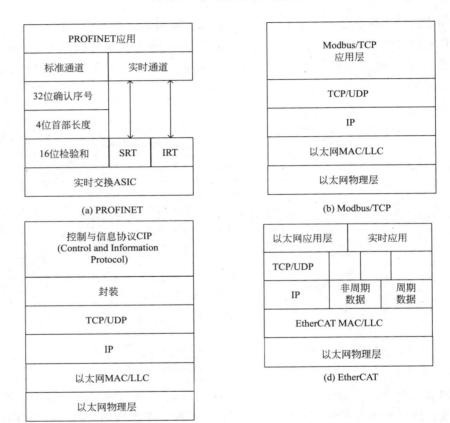

(a) PROFINET

(b) Modbus/TCP

(c) EtherNet/IP

(d) EtherCAT

图 6-16 几种实时以太网的通信参考模型

其中 EtherNet/IP 实时以太网采用了商业以太网的通信芯片和物理介质，利用交换机实现了设备间的点对点连接。EtherNet/IP 的特色部分就是控制与信息协议 CIP。它在 1999 年发布，目的是为了提高设备之间的互操作性。CIP 包含了各种工业实时控制需要的服务和行规（Profiles），同时它将网络上的数据按照有实时控制要求和没有实时控制要求以不同的优先等级区别对待。结合 CIP Sync（基于 IEEE-1588 技术），EtherNet/IP 实现了 ±100ns 的高精度时间同步。由于交换机基于队列和存储转发机制，在网络负载较大的情况下，每个数据包的延迟时间是不等的，计算出的时间同步精度不高。当采用 IEEE-1588 边界时钟时，由于是点对点连接，主时钟和从时钟之间几乎没有传输延迟和时间抖动，而且与交换机的内

160

部队列传输延迟和时间抖动无关。

Modbus TCP/IP 实时以太网于 1979 年由 Modicon 公司（现 Schneider 的一部分）提出，其最初是作为工业串行链路的事实标准。到了 1997 年，Schneider 电气在 TCP/IP 上实现 Modbus 协议。我国也在 2004 年将其作为国家标准。Modbus 是一种简单客户机/服务器应用协议，客户机能够向服务器发送请求，服务器分析请求，处理请求，并向客户机发送应答。通用的 Modbus 帧结构是协议数据单元（PDU）。

Modbus 是一个可选择部分使用的协议，由公共功能码和用户定义的功能码组成。Modbus 应用协议使用功能码列表读或写数据，或者在远程服务器上进行远程处理。其数据模型是以一组具有不同特征的表为基础建立的，四个基本表的具体信息参见表 6-2。Modbus TCP/IP 主要是以一种简单的方式将 Modbus 框架嵌入到 TCP 结构中，它已经成为一种实际的自动化标准。

表 6-2 Modbus 的基本表

基本表	对象类型	访问类型	注释
离散量输入	单个位	只读	I/O 系统可提供这种类型数据
线圈	单个位	读写	通过应用程序可改变这种类型数据
输入寄存器	16 位字	只读	I/O 系统可提供这种类型数据
保持寄存器	16 位字	读写	通过应用程序可改变这种类型数据

Modbus TCP/IP 可以采用单一的连接方式，支持多个独立的事务处理。TCP 允许很大数量的并发连接，在每次请求时都可以重新建立连接，请求通过 TCP 从端口 502 发出。

第三节 EPA 工业以太网系统

一、EPA 系统介绍

（一）EPA 概述

EPA 是 EtherNet for Plant Automation 的缩写，即应用于测量、控制等工业场合的双向、串行、多节点的以太网数字通信技术。EPA 系统是一种分布式系统，它利用 ISO/IEC8802-3、IEEE802.11、IEEE802.15 等协议定义的网络，将分布在现场的若干个设备、小系统以及控制/监视设备连接起来，使所有设备一起运作，共同完成工业生产过程和操作中的测量和控制，其系统结构如图 6-17 所示。EPA 系统可以应用于工业自动化控制环境，其标准也用于工业测量与控制系统的 EPA 系统结构与通信规范。EtherNet、TCP/IP 等商用计算机通信领域的主流技术直接应用于工业控制现场设备间的通信，在此基础上建立的应用于工业现场设备间通信的开放网络通信平台，提供了基于工业以太网的实时通信控制系统解决方案。

EPA 是由浙江大学、浙江中控技术股份有限公司主持联合中国科学院沈阳自动化研究所、重庆邮电大学、清华大学、大连理工大学、上海工业自动化仪表研究所、机械工业仪器仪表综合技术经济研究所、北京华控技术有限责任公司等单位共同起草，由上海工业自动化仪表股份有限公司、天津天仪集团仪表有限公司、中国四联仪器仪表集团有限公司、东土科技有限公司等多家单位参与制定的现场总线标准。同时也是工业自动化领域由中国主持制定的第一个国际标准，其标准体系如图 6-18 所示。

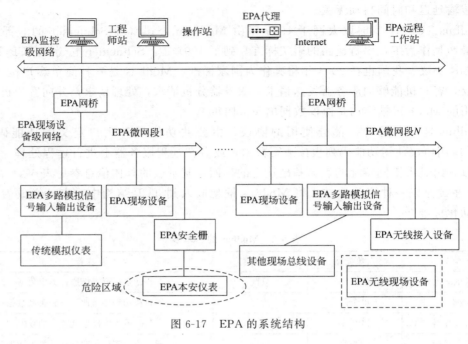

图 6-17 EPA 的系统结构

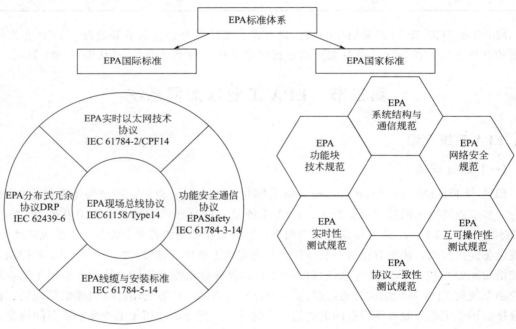

图 6-18 EPA 的标准体系

（二）EPA 系统特征

EPA 系统的传输介质采用的是同轴电缆、双绞线和光缆等，无需特制。并且其支持星型、环型、线型以及以上多种结构混合的拓扑结构，可用于对环境、性能有特殊要求的多种场合和领域。EPA 系统支持数据、视频、语音等多业务信息的复合传输，且兼容传输标准的以太网应用协议，如 HTTP/FTP 等。

EPA 采用精确时钟同步及扩展子层通信调度管理实体 CSME（Communication Scheduling Management Entities），确保了通信的实时性和确定性。支持基于 IEEE802.15.4/IEEE802.11/WiFi 的 EPA-wireless 无线实时通信，有线无线有机结合。EPA 定义了基于 XML（Extensible Markup Language，可扩展标记语言）的设备描述方法，能够实现设备上电自发现、自组织与即插即用功能。

EPA 网络中，物理层使用基于以太网的通信线缆，包括同轴电缆、双绞线和光缆。而现场仪表以及整个控制系统之间的通信都是使用普通的 R-J45、光纤、双绞线和同轴电缆等，大大方便了用户的使用。同时 EPA 控制系统的通信速率可达到 10Mbit/s、100Mbit/s、1000Mbit/s 甚至更高。

基于 EPA 的现场仪表通过同一根双绞线即可实现通信的同时，能够提供仪表工作所需的工作电源。即由总线馈电式交换机提供终端仪表工作电源。总线供电的电压范围为 22.8～35V，而为每个 EPA 设备供电的标准电流为 0.2A，满足大多数现场仪表供电的需要。

EPA 系统是一种分布式系统，将分布在现场的若干个设备、小系统以及控制/监视设备连接起来，使所有设备一起运作，共同完成工业生产过程和操作中的测量和控制。针对大规模控制系统的应用要求，EPA 网络可由多个 EPA 微网段构成，微网段间通过网桥相互连接，网桥的作用是通信隔离和报文的转发与控制。EPA 微网段中可接入的现场设备有：

① EPA 现场设备（如现场控制器、一体化仪表、远程 I/O、EPA 本安仪表、无线接入设备、网关接入卡等）；

② EPA 无线现场设备（802.11、802.15 等）；

③ 传统模拟仪表（4～20mA 仪表等）；

④ 其他现场总线设备（如 FF、Modbus 等）。

EPA 采用了分布式自组织系统管理技术，在 EPA 控制系统中，每个 EPA 设备内部，都实现了如下的管理功能：设备组态、设备自诊断和性能检测、实时优化和设备配置变更历史记录管理。首先当设备上线后，自动扫描现场设备并分配一个唯一的网络地址、设置数据传输参数等。同时在用户界面中以列表形式将现场设备罗列出来，并将设备的可视化信息在现场设备的子目录下显示。并且 EPA 不仅支持在设备组态的同时实现控制策略组态，同时也支持离线的组态方式，允许提前组态并存储，当连接设备上线时，下载组态方案。

在带宽利用率上，EPA 采用了基于专利的确定性通信调度技术，整个 EPA 的通信网络不会冲突、无碰撞、无丢包。为了节省时间片，EPA 控制系统为每个设备精确分配了时间槽，通信调度中为单个设备分配的最小时间槽可达 7μs，EPA 系统实现了 80% 以上的带宽利用率。

EPA 网段可以由以太网、无线局域网或蓝牙三种类型网络中的一种构成，也可以由其中的两种或三种类型的网络组合而成。不同类型的网络之间需要通过相应的网关或无线接入设备连接，EPA 网络支持蓝牙、wireless 网络的无缝接入。

由于各种总线共存，无法实现互连互通，在结合了 EPA 通信协议的特点后，也提出 EPA 网段和其他总线的互连模型——采用基于过程控制的对象连接与嵌入（OPC）技术开发了基于 EPA 通信规范的 OPC 工具包。基于 COM/DCOM 技术的 EPA-OPC 技术，在保证高速的数据传输速率的前提下，封装了协议相关的具体的数据操作，提供了统一的通信接口，避免了控制系统中同一设备的不同驱动程序同时访问设备造成的访问冲突问题。同时也实现了对主流的监控软件的兼容性，监控软件等 OPC 客户程序可以很方便地访问和设置 EPA 控制系统中的数据。不同用户只要遵循 OPC 技术标准就可以实现软硬件的互操作，无需知道协议细节。用户完全可以利用自身已有的监控软件或者市售软件，配合 EPA 的硬件，方便地进行高可靠性、高柔韧性控制系统的集成。

EPA 的优势在于其技术创新，且拥有很好的实时性，在实际应用中有非常良好的性价比。其次，相较于其他的工业以太网，EPA 使用起来更加方便，更加灵活，这得益于其灵活的拓扑结构和采用了多种机制。EPA 系统是一个完全开放的系统，可以与其它的现场总线协议良好兼容。自其诞生以来，已被应用于过程控制、机器人、楼宇自动化和运输系统等多个领域，得到了国内外多家高校、企业的大力支持。

（三）EPA 关键技术

将以太网用于工业控制需要解决的问题包括：

① 商用以太网采用 CSMA/CD 机制，通信具有不确定性，特别对于强实时控制系统，必须保证数据传输实时性。

② 必须具有高可用性，即任何一个系统组件发生故障时，都不至于引起整个系统的瘫痪，并且能够实现故障自愈。

③ 必须是安全的，即要保证各种特殊环境下预定功能的正确执行，尤其是在石化等易燃易爆场合，避免危险灾难事件。

通过 EPA 系统的关键技术，能够较好地解决上述问题。

首先商用以太网技术采用 CSMA/CD 机制，多个变送器可能同时向控制器发送数据，造成数据阻塞；并且网络可能被某一设备长时间占用，导致变送器无法在采样周期内完成数据发送。这也就导致了商用以太网的通信具有不确定性，不能直接用于工业。

EPA 采用了基于 IEEE1588 精确时钟同步技术，将各个节点的同步精度控制在 $5\mu s$ 以内。同时将"随机发送"变为"确定发送"，实现了通信"确定性"。EPA 将控制网络中的数据分为实时以太网数据 RTE 和非实时以太网数据非 RTE，将整个 RTE 网络数据的传输阶段分为周期数据传输阶段和非周期数据传输阶段。在周期数据传输阶段，使用基于角色平等的时间片调度方法；在非周期数据传输阶段，使用基于优先级抢占式调度传输技术。与此同时非 RTE 数据传输可以不遵从 EPA 确定性的调度策略，进一步提高了 EPA 网络的兼容性。

EPA 通过冗余技术来实现网络的高可用性，包括链路冗余、端口冗余、设备冗余和环网冗余。其中环网冗余是指 DRP（Distributed Redundancy Protocol），即环形网络分布式主动故障探测与恢复技术。

针对工业数据通信中存在的数据破坏、重传、丢失、插入、乱序、伪装、超时、寻址错误等风险，功能安全通信协议 EPASafety 采用工业数据加解密方法、工业数据传输多重风险综合评估与复合控制技术确保功能安全。同时 EPA 通过对仪器仪表进行"限压限流限能"设计，防止产生足以引爆的电火花和温升，确保本质安全。

（四）EPA 应用软件

EPA 系统和其他的工业系统一样，都是由硬件和软件两部分组成。硬件部分，EPA 系统现场层的系统部件包括了数字/模拟量输入/输出模块、EPA 控制模块和信号采集控制器。而软件部分，常用到的软件可以参见表 6-3。其中 EPA 组态软件是 EPA 系列软件包中最重要的组成软件之一，用户界面友好，操作便捷，其基本功能包括控制策略组态、时间调度组态和设备管理三部分。控制策略组态是在设备输入输出功能块与主控制器功能块之间建立一条虚拟通道，保证现场设备数据的正确流向。而时间调度组态是指对网段中的设备何时使用资源进行调度的过程。设备管理是用于设备信息的显示与修改。

　　EPA 工具软件提供了设备参数设置和 EPA 服务调用、EPA 网络报文分析和用户程序下载三块功能。设备参数设置和 EPA 服务调用是指对监听到的已知设备和未知设备的网卡进行基本参数设置，根据用户选择调用 EPA 服务与设备进行通信。而 EPA 网络报文分析是指抓取 EPA 服务报文和 PTP 同步报文，解析各关键字段并罗列显示，根据过滤条件进行报文筛选。并且 EPA 的工具软件可以根据提供的用户程序 HEX 文件，通过 EPA 网络进行设备的用户程序在线更新、升级。

表 6-3　EPA 应用软件

类别	名称	执行程序	功能
常规软件	组态软件	EPA Configuration	监听设备，修改设备信息，功能块组态，时间组态，读取、编写设备描述文件
测试软件	一致性、互可操作性测试软件	EPA Tester	对被测设备进行一致性、互可操作性测试
	调度测试软件	EPA CSME Test	测试设备的调度，显示错误信息
	同步测试软件	EPA ClockSync Test	用图形的方式显示设备的时钟同步偏差
	服务测试软件	EPA AppEntityService Test	调用 EPA 服务与设备通信
	一致性、互可操作性测试软件	EPA Tester	对被测设备进行一致性、互可操作性测试
模块软件	通信栈模块	EPA_SOCKET	封装上位机的 EPA 通信栈

　　EPA 的测试软件为用户提供了两种测试模式，分别为一致性测试和互操作测试。EPA 一致性测试是用来检验 EPA 产品是否满足 EPA 标准的规定和规范文件的要求，声明基于 EPA 标准的产品在技术上必须符合 EPA 技术标准。一致性测试主要进行 EPA 系统管理实体及服务测试、EPA 应用访问实体及服务测试、EPA 系统管理信息库测试、时钟同步测试和确定性调度测试。通过一致性测试的设备可以保证其协议栈行为符合 EPA 标准，能够正确的接收、发送和处理 EPA 各种服务报文等。

　　EPA 互可操作测试是用来检测 EPA 产品是否能够实现不同厂家产品互连、互可操作。EPA 互可操作测试针对 EPA 功能块规范中的各种功能块类型进行变量合法性和有效性等测试。通过 EPA 互可操作测试的设备可以放在同一工程中进行通信和控制策略的组态和运行。

　　EPA 通信栈模块为上位机应用程序提供了调用和处理所有 EPA 服务的接口，为应用程序快速使用 EPA 服务提供了方便，可以基于通信栈开发各种 EPA 应用程序。而 EPA-OPC 服务器可以连接 MCGS 等组态监控软件。

　　同时，为了保证不同制造商的 EPA 产品可以互连、互通、互换，EPA 工作组制定了 EPA 测试技术标准，并提供一致性、互可操作性和实时性测试系统平台，如图 6-19 所示。

图 6-19　EPA 测试系统平台实物图

二、EPA 系统技术

EPA 系统是一种分布式系统，其系统结构提供了一个系统框架，用于描述若干个设备如何连接起来，以及它们之间如何进行通信、如何交换数据和如何组态。

EPA 系统除了 OSI/IEC 8802-3/IEEE 802.11/IEEE 802.15、TCP（UDP）/IP、SNMP、SNTP、DHCP、HTTP、FTP 等协议组件外，它还包括以下几个部分：应用进程、EPA 系统管理实体、EPA 应用访问实体、EPA 通信调度管理实体和 EPA 管理信息库，其中 EPA 通信协议模型如图 6-20 所示。

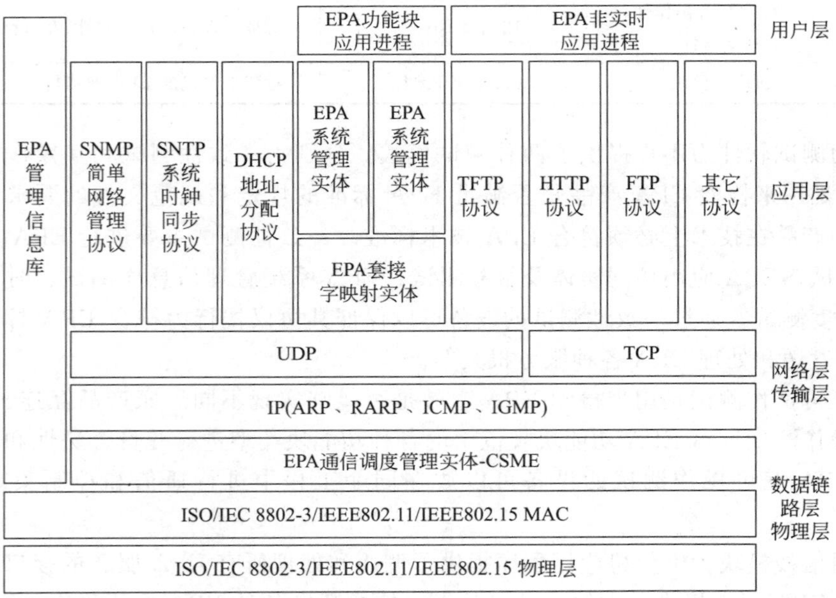

				EPA 功能块应用进程		EPA 非实时应用进程			用户层
EPA 管理信息库	SNMP 简单网络管理协议	SNTP 系统时钟同步协议	DHCP 地址分配协议	EPA 系统管理实体	EPA 系统管理实体	TFTP 协议	HTTP 协议	FTP 协议　其它协议	应用层
				EPA 套接字映射实体					
	UDP					TCP			网络层传输层
	IP(ARP、RARP、ICMP、IGMP)								
	EPA 通信调度管理实体-CSME								数据链路层物理层
ISO/IEC 8802-3/IEEE802.11/IEEE802.15 MAC									
ISO/IEC 8802-3/IEEE802.11/IEEE802.15 物理层									

图 6-20　EPA 通信协议模型

EPA 应用进程包括了实时应用进程和非实时应用进程。非实时应用进程是指基于 HT-TP、FTP 以及其他 IT 应用协议的应用进程，如 HTTP 服务应用进程、电子邮件应用进程、

FTP 应用进程等。实时应用进程也称作 EPA 功能块应用进程，包括了由 IEC 61499 协议定义的"工业过程测量和控制系统用功能模块"和 IEC61804 协议定义的"过程控制用功能块"构成的应用进程。

通常一个应用进程有两种可能的实现方式，组成一个应用进程的功能块全部驻留在一个设备里，或者组成一个应用进程的功能块分布驻留在 EPA 系统中的多个设备里，如图 6-21 所示。

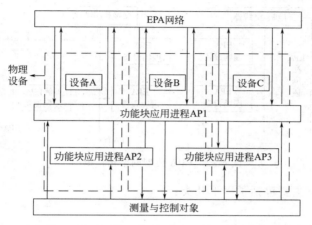

图 6-21 应用进程的两种实现方式

EPA 系统管理实体管理 EPA 设备的通信活动，具有设备声明、设备识别、设备定位、地址分配、时间同步、EPA 链接对象管理和即插即用等功能。而 EPA 应用访问实体是 EPA 提供的数据传递服务接口，主要包括了变量访问服务（发送实时数据、用户参数等）、事件管理服务（发送报警信息等）和域上载/下载服务。

EPA 通信调度管理实体则负责保证网络上报文传输确定性，主要包括以下几个方面：

① 所有 EPA 设备的通信按周期进行，完成一个通信周期所需时间 T 称为一个通信宏周期。

② 一个通信宏周期 T 分为两个阶段，其中第一个阶段为周期报文传输阶段 Tp，第二个阶段为非周期报文传输阶段 Tn。

③ 周期数据是指与过程有关的数据，例如需要按控制回路的控制周期传输的测量值、控制值，或功能块输入、输出之间需要按周期更新的数据。周期报文的发送优先级应为最高。

④ 非周期数据是指如程序的上下载数据、变量读写数据、事件通知、趋势报告等数据，以及诸如 ARP、RARP、HTTP、FTP、TFTP、ICMP、IGMP 等应用数据。

EPA 管理信息库 SMIB 存放了系统管理实体、EPA 通信调度管理实体和应用访问实体操作所需的信息。在 SMIB 中，这些信息被组织为对象。如设备描述对象描述了设备位号、通信宏周期等信息，链接对象则描述了 EPA 应用访问实体服务所需要的访问路径信息等。

EPA 典型网络拓扑结构由两个网段组成，监控级 L2 网段和现场设备级 L1 网段，如图 6-22 所示。现场设备级 L1 网段用于工业生产现场的各种现场设备（如变送器、执行机构、分析仪器等）之间以及现场设备与 L2 网段的连接。监控级 L2 网段主要用于控制室仪表、装置以及人机接口之间的连接。

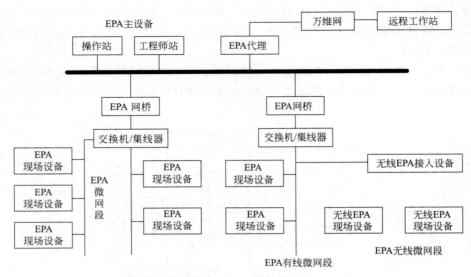

图 6-22　EPA 典型网络拓扑结构

EPA 系统的设备主要包括了以下几类：

1. EPA 主设备

EPA 主设备是监控级 L2 网段上的 EPA 设备，具有 EPA 通信接口，不要求具有控制功能块或功能块应用进程。EPA 主设备一般指 EPA 控制系统中的组态、监控设备或人机接口等，如操作站、工程师站、HMI 等。

2. EPA 现场设备

EPA 现场设备是指处于工业现场应用环境的设备，如变送器、执行器、开关、数据采集器、现场控制器等。

3. EPA 网桥

EPA 网桥是一个微网段与其他微网段或者与监控级 L2 网段连接的设备。一个 EPA 网桥至少有两个通信接口，分别连接两个微网段。

4. 无线 EPA 接入设备

无线 EPA 接入设备是一个可选设备，由一个无线通信接口（如无线局域网通信接口或蓝牙通信接口）和一个以太网通信接口构成，用于连接无线网络与以太网。

5. 无线 EPA 现场设备

无线 EPA 现场设备具有至少一个无线通信接口（如无线局域网通信接口或蓝牙通信接口），并具有 EPA 通信实体，包含至少一个功能块实例。

6. EPA 代理

EPA 代理是一个可选设备，用于连接 EPA 网络与其他网络，并对远程访问和数据交换进行安全控制与管理。

EPA 系统设备间的通信过程如图 6-23 所示。

EPA 链接关系是指 EPA 链接对象描述组成功能块应用进程的一个功能块实例的输出参数与另一个功能块实例的输入参数之间的链路关系或访问路径，并指明一个设备在通信关系中所处的通信角色。每个 EPA 链接对象均由链接对象标识符 ObjectID 在设备中唯一标识。EPA 的报文格式如图 6-24 所示。

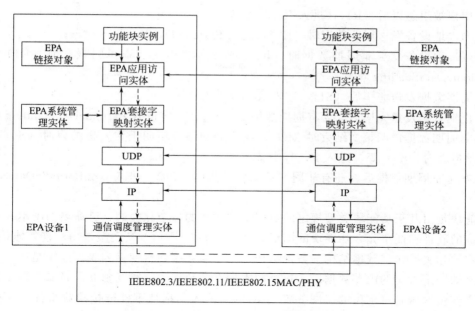

图 6-23 EPA 系统设备间的通信过程

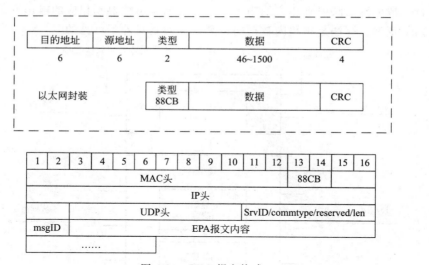

图 6-24 EPA 报文格式

EPA 系统做到了精确时间同步,主要是采用了 SNTP (Simple Network Time Protocol) 和 IEEE1588 精确时间同步协议 (PTP, Precision Time Protocol)。前者是由 NTP 改编而来,主要用来同步因特网中的计算机时钟,但其同步精度只能达到毫秒级,只在部分工业应用上适用;而后者的时钟同步精度高,可达亚微秒级。

时钟同步系统是一种由发布者和接收者组成的系统。主时钟担任着时间发布者的角色,每隔一段时间将本地时间发布到网络上;从时钟接收,同时不定时地进行线路延时的计算,以保证精确地根据网络情况进行同步,这就是 IEEE1588 的核心思想。

EPA 采用确定性通信时,每个节点向网络发送数据的步骤如下:

① EPA 设备上电后,检测所有必需的操作参数,如未经初始化组态,进入 Standby 状态;

② 用户被组态以后（R1），进入 Ready 状态；

③ 当本地设备发送周期数据时（R2），进入 PeriodicDataSending 状态；

④ 当本地设备发送非周期数据时（R3）或发送非周期结束声明报文时（R4），进入 NonPeriodicDataSending 状态；

⑤ 周期数据发送完毕后（S1），进入 Ready 状态；

⑥ 周期数据发送完毕后，还有周期数据要发送（S2），进入 PeriodicDataSending 状态；

⑦ 非周期数据声明报文结束时（S3），或非周期结束声明报文发送结束时（S4），或优先级不是最高时（S5）等，进入 Ready 状态；

⑧ 发送非周期数据后，还有非周期数据要发送时（S6），进入 NonPeriodicDataSending 状态。

功能块是由基于功能块类型规定的数据结构建立的一个独立的、已命名的副本和相关操作所组成的软件功能单元，功能块的图形表示如图 6-25 所示。其类型是由功能需求决定的，类型决定了相关操作、数据结构。数据结构是一个参数序列、变量列表。副本是按数据结构组织起来的固定大小的内存数据区，每个副本拥有的数据空间相互独立，且每个副本具有唯一标识，变量区域是可定位的。图 6-25 中的事件输入是指从事件链接接收事件，这些事件可能影响一个或多个算法的执行。事件输出是向事件链接发出事件，这些事件的发出取决于算法的执行。数据输入映射到相应的输入变量，数据输出映射到相应的输出变量，而数据映射到一组内部变量。算法是指块内数据的运算，通常是对外不可见的。

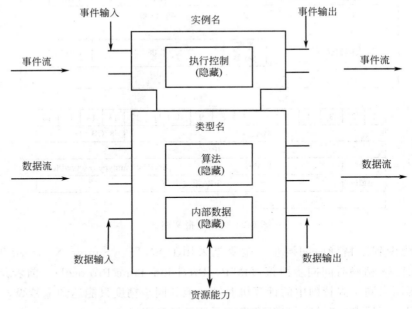

图 6-25　功能块的图形表示

EPA 功能块的主要功用是负责测量数据的传入、控制数据的传出和控制量的运算。EPA 功能块遵守 IEC61499 的框架，部分满足 IEC61804 提出的需求，对于不影响互操作的功能实现留有较大的自由度。功能块主要分为输入/输出型功能块、运算型功能块和转换块。

EPA 采用的可扩展设备描述语言，其基本语言是 XML（Extensible Markup Language，可扩展标记语言），由仪表设备商提供，主要包括描述设备的功能、参数和特定的特征，目的是为了实现设备互操作、描述现场设备的功能和接口信息。

思考题与习题

1. 传统 DCS 与 FCS 在现场布线方面有什么区别？
2. 什么是完整的现场总线定义？
3. 现场总线有哪些特点？
4. 现场总线有哪些优点？
5. IEC 制定的国际现场总线标准主要包括哪些现场总线？
6. 简述工业以太网的特色技术。
7. 工业以太网通信非确定性的缓解措施有哪几种？
8. 简述 TCP/IP 和 UDP/IP 的区别以及它们在工业以太网通信中的作用。
9. 举出几种实时以太网的通信参考模型。
10. 简述 EPA 协议标准。
11. EPA 系统有哪些基本特征？
12. 简述 EPA 的三大关键技术及其解决的问题。
13. 阐述 EPA 通信确定性的实现方法。

部分思考题与习题参考答案

第一章

1. 4～20mA 电流信号可以避免传输导线上压降损失引起的误差，适宜在现场和控制室之间远距离传输。采用 1～5V 电压信号的仪表之间可以并联连接，便于设计安装与维护，适宜于控制室内部短距离联络。这种信号制的优点是信号下限不为零（4mA/1V），避开晶体管死区，一开始就工作在线性区。电气零点≠机械零点，表明电气零点和机械零点分开，便于检验信号传输有无断线以及装置是否断电，也为制作两线制变送器提供了条件；信号上限较大（20mA/5V），产生的电磁力（安培力）较大，带负载能力强。

2. 仪表的恒流特性是指仪表的负载电阻在一定的范围内变化时，输出电流基本不变的特性。

3. 调节器的比例带 100%，该调节器的作用方法是正作用。

4. 输出信号变化到 60%，1min 后又变化到 70%。

5.

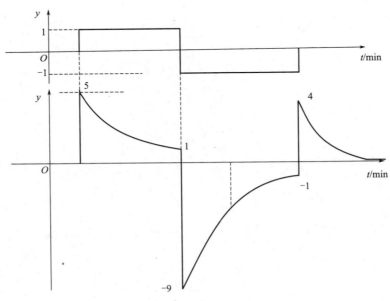

6.

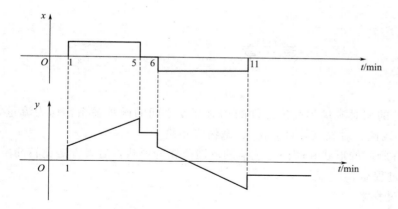

7. 微分作用是（超前）调节作用，其实质是阻止（被调参数/偏差）的变化，以提高（系统）的稳定性，使过程衰减得更厉害。T_D 越大，则微分作用（越强）；K_D 越小，则微分作用（越弱）。

8. $P_B = 100\%$，$T_I = 25s$。

9. 略。

第二章

1. 无平衡无扰动切换是指控制器切换两个输出信号（自动输出和手动输出）时不需要一个相等的过程，在切换一瞬间输出信号没有变化。不属于。

2. 安全火花是其能量不足以引起周围爆炸性混合物起火或爆炸的火花；安全火花防爆系统是通过"安全保持器"向现场仪表（必须是本安仪表）供电和向控制室仪表传输信号的系统。

3. 齐纳式安全栅电路中采用（快速熔断器）、（限流电阻）或（限压二极管）以对输入的电能量进行限制，从而保证输出到危险区的能量在安全范围内。

4. 采用了隔离和限能的措施，隔离使用了变压器，限能使用了大电压和大电流限制电路。

5. 略。

6. 基本组成和硬件、软件组成略。使用者编制程序实际上是完成功能模块的连接，即组态工作。通过组态工作可以让用户实现需要的功能。

7. 在发生故障时，将 X1 直接送到 PV 的指针上进行指示，以保证输出信号仍能根据 PV 的指示，继续进行手动控制。同时，Y1 切换成保持状态，通过手动操作杆，可以增加或减小输出信号的大小，对生产过程进行手动控制。

需要注意的问题是，CPU 故障时，PV 指针代表的是 X1 的原始数据，当用户程序中有输入处理程序时，可能与 CPU 正常工作时的读数不相同。

8. SLPC 软件部分包括系统监控程序和功能模块，功能模块提供了各种功能，用户可以根据需要选用，以构成用户程序。功能模块以指令形式提供。指令有 4 种类型：信号读取指令 LD、信号存储指令 ST、程序结束指令 END 和功能指令。功能指令完成各种指定功能，

过程自动化控制装置与系统

主要有：基本运算，带设备编号的运算，条件判断，寄存器位移和控制功能（BSC、CSC、SSC）。

第三章

1. 略。

2. 介质流过阀体部件的相对流量和阀体部件的相对开度之间的函数关系，称为流量特性。常用的流量特性有：线性、对数（等百分比）、抛物线和快开。

3. 可以改变阀体部件阀芯的形状和阀门定位器的反馈凸轮的形状，后者方法比较简单。

5. $C = 25.45$，计算过程略。

6. $25.8\mathrm{m}^3/\mathrm{h}$，计算过程略。

7. $29.07\mathrm{m}^3/\mathrm{h}$，计算过程略。

第四章

1. S7-300PLC 一般由下面几个部分组成：CPU 模块、接口模块（IM）、I/O 模块（SM）、功能模块（FM）、电源模块（PS）和导轨（RACK）。

2. ① 输入 21 路二线制连接 4～20mA，需 22 个 A/D 通道；输入 15 路四线制连接 4～20mA，需 16 个 A/D 通道；输入 3 路 1～5V DC 电压信号，需 4 个 A/D 通道；一共是 42 个 A/D 通道，需要 6 块 8 通道 SM331（冗余 6 通道）；输入 4 路 Pt100 电阻信号，需要 1 块 8 通道 SM331 RTD（冗余 4 通道）；输出 7 路 24V DC 开关量信号，需要 1 块 8 通道 SM322 晶体管输出；输出 7 路 220V AC 开关量输出信号，需要 1 块 8 通道 SM322 可控硅输出；输出 32 路 4～20mA 电流信号，需 4 块 8 通道 SM332。总计 13 块 SM 模块，需要 2 个机架。（注意：正确答案不唯一。）CPU 配置：该系统需要 13 个 SM 模块，必须安装到 2 个机架，如果单纯从 I/O 配置的角度分析（暂不考虑内存、速度需求），根据 CPU 选型表的性能参数，该系统可以选用 CPU314 或 CPU314 以上的型号。

② 主要需要注意两个问题：第一个是冗余模块的问题（根据工艺情况），第二个是系统结构配置问题（根据工艺情况，考虑经济性、系统容量及冗余等）。

3. PLC 的编程语言有 LAD（梯形图）、STL（语句表）、FBD（功能块图）、SCL（标准控制语言）、C for S7（C 语言）等，用户可以选择一种语言编程，也可混合使用几种语言编程。

4. STEP7 有两种编程方法：线性编程、结构化编程。一般采用结构化编程，程序结构主要有数据块、逻辑功能块和组织块组成。FB 和 FC 逻辑功能块都是由变量声明表和应用程序两部分组成。FB 功能块变量声明表中比 FC 逻辑功能块多一种"stat"静态变量，静态变量定义在背景数据块中。因此，FB 是"带记忆"的逻辑功能块，FC 是"不带记忆"的逻辑功能块。FC 功能块没有背景数据块，调用时赋实参。FB 在执行过程中对变量申明表中变量（除临时变量）的操作结果都存放在背景数据块中继续保存，FC 中的所有参数在块操作结束前应被使用或存放到特定位置，否则它们将不会被自动保存。根据函数或子程序是否需要静态变量来决定采用 FB 还是 FC 逻辑功能块。

6. S7-300 PLC 主要有 3 种通信方式：

174

MPI 通信：是一种低成本的网络系统，用于连接多个不同的 CPU 或设备，可以与上位机及其他 PLC 组网，但是通信距离短，站点数少。

Profibus-DP 通信：适用于现场级或控制单元级的开发式、标准化高速现场总线系统。可以用于与上位机及其他 PLC 组网，属于一种主流的组网方式。

Ethernet 通信：用于控制层或管理层之间大量的数据交换，主要用于与上位机组网，是工业自动化的发展趋势，但实施成本较高。

第六章

5. 主要的现场总线标准如下：

Type1：IEC 61158 技术规范；

Type2：ControlNet 现场总线；

Type3：Profibus 现场总线；

Type4：P-NET 现场总线；

Type5：FF HSE（High Speed Ethernet）；

Type6：Swift Net 现场总线；

Type7：WorldFIP 现场总线；

Type8：Interbus 现场总线。

8. TCP 是一个可靠的面向连接的端到端协议，通信两端在传输数据之前必须先建立连接。用户数据报协议 UDP 是一个无连接的端到端的传输层协议。

工业以太网中通常利用 TCP/IP 协议来发送非实时数据，而用 UDP/IP 来发送实时数据。TCP/IP 一般用来传输组态和诊断信息，UDP/IP 用来传输实时 I/O 数据。

10. Ethernet for Plant Automation 标准用于工业测量与控制系统的 EPA 系统结构与通信规范。Ethernet、TCP/IP 等商用计算机通信领域的主流技术直接应用于工业控制现场设备间的通信，并在此基础上，建立了应用于工业现场设备间通信的开放网络通信平台。EPA 协议标准提供了基于工业以太网的实时通信控制系统解决方案。

12. ① EPA 采用了精确时钟同步的分时发送调度策略与控制方法。解决问题：商用以太网采用 CSMA/CD 机制，通信具有不确定性，特别对于强实时控制系统，必须保证数据传输实时性。

② EPA 通过冗余技术来实现网络的高可用性。解决问题：必须具有高可用性，即任何一个系统组件发生故障时，都不至于引起整个系统的瘫痪，并且能够实现故障自愈。

③ EPA 采用功能安全与本安防爆技术。解决问题：即要保证各种特殊环境下预定功能的正确执行，尤其是在石化等易燃易爆场合，避免危险灾难事件。

13. 采用精确时钟同步的分时发送调度策略与控制方法，具体实现方法为：

① EPA 将控制网络中的数据分为实时以太网数据 RTE 和非实时以太网数据非 RTE。

② EPA 将整个 RTE 网络数据的传输阶段分为周期数据传输阶段和非周期数据传输阶段。在周期数据传输阶段，使用基于角色平等的时间片调度方法；在非周期数据传输阶段，使用基于优先级抢占式调度传输技术。

③ 非 RTE 数据传输可以不遵从 EPA 确定性的调度策略，进一步提高了 EPA 网络的兼容性。

参考文献

［1］ 张永德. 过程控制装置. 4 版. 北京：化学工业出版社，2017.

［2］ 周泽魁. 控制仪表与计算机控制装置. 北京：化学工业出版社，2002.

［3］ 阳宪惠，徐用懋. 现场总线技术及其应用. 2 版. 北京：清华大学出版社，2008.

［4］ 张宏建，黄志尧，周洪亮，等. 自动检测技术与装置. 3 版. 北京：化学工业出版社，2019.